高等院校课程设计案例精编

Adobe Illustrator CC
平面设计经典课堂

王莹莹　洪　婵　徐赫楠　编著

U0286759

清华大学出版社
北京

内 容 简 介

本书以 Adobe Illustrator CC 为写作平台，以"理论知识＋实操案例"为创作导向，围绕 Illustrator 软件的应用展开讲解。书中的每个案例都给出了详细的操作步骤，同时还对操作过程中的设计技巧进行了描述。

全书共 12 章，基础篇依次对 Illustrator CC 工作界面、图形的绘制、对象的组织、颜色的填充、文本的编辑、图表的制作、图层和蒙版的应用、效果的应用等进行了详细的阐述，每章均配有课堂练习、强化训练以供读者练手。案例篇针对如何制作 UI 图标设计、海报设计、包装设计、字体特效广告设计的设计方法和操作技巧做出全面介绍。本书结构清晰，思路明确，内容丰富，语言简练，解说详略得当，既有鲜明的基础性，也有很强的实用性。

本书既可作为大中专院校及高等院校相关专业的教学用书，又可作为室内设计爱好者的学习用书。同时，也可以作为社会各类 Illustrator 培训班的首选教材。

图书在版编目(CIP)数据

Adobe Illustrator CC平面设计经典课堂 / 王莹莹，洪婵，徐赫楠编著. —北京：清华大学出版社，2019
（2022.8 重印）
（高等院校课程设计案例精编）
ISBN 978-7-302-51782-5

Ⅰ. ①A… Ⅱ. ①王… ②洪… ③徐… Ⅲ. ①图形软件—课程设计—高等学校—教学参考资料
Ⅳ. ①TP391.412

中国版本图书馆CIP数据核字（2018）第274382号

责任编辑：李玉茹
封面设计：杨玉兰
责任校对：鲁海涛
责任印制：丛怀宇

出版发行：清华大学出版社
   网   址：http://www.tup.com.cn，http://www.wqbook.com
   地   址：北京清华大学学研大厦A座   邮 编：100084
   社 总 机：010-83470000   邮 购：010-62786544
   投稿与读者服务：010-62776969，c-service@tup.tsinghua.edu.cn
   质量反馈：010-62772015，zhiliang@tup.tsinghua.edu.cn
印 装 者：三河市龙大印装有限公司
经 销：全国新华书店
开 本：185mm×260mm   印 张：17   字 数：272千字
版 次：2019年2月第1版   印 次：2022年8月第5次印刷
定 价：69.00 元

产品编号：081120-01

FOREWORD
前 言

为什么要学设计？ ◾

　　随着社会的发展，人们对美好事物的追求与渴望，已达到了一个新的高度。这一点充分体现在了审美意识上，毫不夸张地讲我们身边的美无处不有，大到园林建筑，小到平面海报，抑或是犄角旮旯里的小门店也都要装饰一番并突显自己的特色。这一切都是"设计"的结果。可以说生活中的很多元素都被有意或无意识地设计过。俗话说：学设计饿不死，学设计高工资！那些有经验的设计师们，月薪过万不是梦。正是因为这一点很多人都投身于设计行业。

问：学设计可以就职哪类工作？求职难吗？

答：广为人知的设计行业包括室内设计、广告设计、UI 设计、珠宝设计、服装设计、环艺设计、影视动画设计……所以你还在问求职难吗！

问：如何选择学习软件？

答：根据设计类型和就业方向，学习相关软件。比如，平面设计类软件大同小异，重在设计体验。室内外设计软件各有侧重，贵在实际应用。各类软件之间也要配合使用，好比设计师要用 Photoshop 对建筑效果图做后期处理，为了让设计作品呈现更好的效果，有时会把视频编辑软件与平面软件相互配合。

问：没有美术基础的人也可以学设计吗？

答：可以。设计类的专业有很多，并不是所有的设计专业都需要有美术功底。例如工业设计、展示设计等。俗话说"艺术归结于生活"，学设计不但可以提高自身审美能力，还能有效地指引人们制作出更精良的作品，提升自己的生活品质。

答：自学设计可以先从软件入手：位图、矢量图和排版。学会了软件可以胜任 90% 的设计工作，只是缺乏"经验"。设计是软件技术 + 审美 + 创意，其中软件学习比较容易上手，而审美的提升则需要多欣赏优秀作品，只要不断学习，突破自我，优秀的设计技术就能轻松掌握！

系列图书课程安排 ■

本系列图书既注重单个软件的实操应用，又看重多个软件的协同办公，以"理论知识 + 实际应用 + 案例展示"为创作思路，向读者全面阐述了各软件在设计领域中的强大功能。在讲解过程中，结合各领域的实际应用，对相关的行业知识进行了深度剖析，以辅助读者完成各种类型的设计工作。正所谓要"授人以渔"，读者不仅可以掌握这些设计软件的使用方法，还能利用它独立完成作品的创作。本系列图书包含以下图书作品：

▸▸ 《3ds max 建模技法经典课堂》
▸▸ 《3ds max+Vray 效果图表现技法经典课堂》
▸▸ 《SketchUp 草图大师建筑·景观·园林设计经典课堂》
▸▸ 《AutoCAD + 3ds max + Vray 室内效果图表现技法经典课堂》
▸▸ 《AutoCAD + SketchUp + Vray 建筑室内外效果表现技法经典课堂》
▸▸ 《Adobe Photoshop CC 图像处理经典课堂》
▸▸ 《Adobe Illustrator CC 平面设计经典课堂》
▸▸ 《Adobe InDesign CC 版式设计经典课堂》
▸▸ 《Adobe Photoshop + Illustrator 平面设计经典课堂》
▸▸ 《Adobe Photoshop + CorelDRAW 平面设计经典课堂》
▸▸ 《Adobe Premiere Pro CC 视频编辑经典课堂》
▸▸ 《Adobe After Effects CC 影视特效制作经典课堂》
▸▸ 《HTML5+CSS3 网页设计与布局经典课堂》
▸▸ 《HTML5+CSS3+JavaScript 网页设计经典课堂》

配套资源获取方式 ■

目前市场上很多计算机图书中配带的 DVD 光盘，总是容易破损或无法正常读取。鉴于此，本系列图书的资源可以发送邮件至 619831182@qq.com，制作者会在第一时间将其发至您的邮箱。

适用读者群体 ■

☑ 网页美工人员。

☑ 平面设计和印前制作人员。

☑ 平面设计培训班学员。

☑ 大中专院校及高等院校相关专业师生。

☑ Illustrator 设计爱好者。

☑ 从事艺术设计工作的初级设计师。

作者团队

本书由王莹莹、洪婵、徐赫楠编著。其中，王莹莹、洪婵、徐赫楠、魏砚雨、黄春凤、伏凤恋、王春芳、杨继光、李瑞峰、王银寿、许亚平、李保荣等均参与了章节内容的编写工作，在此对他们的付出表示真诚的感谢。

致 谢

  为了令本系列图书尽可能满足读者的需要，许多人付出了辛勤的劳动。在此，向参与本书出版工作的"ACAA 教育集团"和"Autodesk 中国教育管理中心"的领导及老师、米粒儿设计团队成员等，致以诚挚谢意。同时感谢清华大学出版社的所有编审人员为本系列图书的出版所付出的辛勤劳动。本系列图书在编写过程中力求严谨、细致，但由于时间和精力有限，书中仍难免出现疏漏和不妥之处，希望各位读者朋友们多多包涵并批评指正，万分感谢！

  读者朋友在阅读本系列图书时，如遇与本书有关的技术问题，则可以通过微信号 dssf2016 进行咨询，或者在获取资源的公众平台中留言，我们将在第一时间与您互动解答。

编者

本书知识结构导图

CONTENTS
目 录

CHAPTER / 03
对象的组织

CHAPTER / 04
颜色的填充

CHAPTER / 05
文本的编辑

CHAPTER / 06
图表的制作

CHAPTER / 07
图层和蒙版的应用

CHAPTER / 08
效果的应用

CONTENTS

CHAPTER 01

Illustrator CC 轻松入门

本章概述 SUMMARY

Illustrator 是 Adobe 公司开发的主要基于矢量图形的优秀软件，它在矢量绘图软件中占有一席之地，并且对位图具有一定的处理能力。使用 Illustrator 可以创建一些光滑细腻的艺术作品，如插画、广告图形等。而且 Illustrator 与 Photoshop 有着类似的操作界面和快捷键，并能共享一些插件和功能，是众多设计师、插画师的最爱。

■ 学习目标

√ 熟悉 Illustrator 的工作界面。

√ 了解矢量图与位图的区别。

√ 掌握文件的打开 / 保存 / 关闭操作。

√ 熟练应用 Illustrator 导出文件。

◎调整画布大小及背景颜色

◎【新建文档】对话框

1.1　熟悉 Illustrator CC 工作界面

Illustrator CC 的工作界面主要由标题栏、菜单栏、工具箱、面板、页面区域、滚动条、状态栏等部分组成，如图 1-1 所示。

图 1-1　Illustrator　CC 工作界面

1. 标题栏

标题栏位于窗口的最上方，显示了当前软件的名称，右侧显示了【转到 Bridge】和【排列文档】的快捷按钮。

2. 菜单栏

菜单栏包括文件、编辑、对象、文字等 9 个主菜单，每一个主菜单又包括多个子菜单，通过应用这些命令可以完成各种操作。

3. 工具箱

工具箱包括了 Illustrator CC 中所有的工具，大部分工具还有其展开式工具栏，里面包含了与该工具功能相类似的工具，可以更方便、快捷地进行绘图与编辑。

4. 面板

面板是 Illustrator CC 最重要的组件之一，在面板中可设置数值和调节功能。面板是可以折叠的，可根据需要分离或组合，具有很大的灵活性。

5. 文档窗口

文档窗口是指工作界面中间黑色实线的矩形区域，这个区域的大小就是用户设置的页面大小。

6. 状态栏

显示当前文档视图的显示比例、当前正使用的工具和时间、日期等信息。

■ 1.1.1　工具箱

工具箱是 Illustrator CC 处理图形的"工具集结地"，包括大量具有强大功能的工具，这些工具可以在绘制和编辑图像的过程中制作出精彩的效果。Illustrator CC 工具箱的外观如图 1-2 所示。

当首次启动 Illustrator CC 后，默认状态下工具箱将出现在屏幕的左侧，用户可根据需要将它移动到任意位置。在原来的基础上，Illustrator CC 改进了几个工具的功能，并添加了一些新的工具。熟练地运用这些工具，可创建出许多精致的美术作品。

根据各工具的不同作用，在工具箱中做了简单的分类，它们由几条分隔线分开，以便于用户的识别，如用于选择对象的选取工具、创建各种形状路径的绘制工具以及编辑工具等。

要使用某种工具，直接单击工具箱中的工具图标即可。工具箱中的许多工具并没有直接显示出来，而是以成组的形式隐藏在右下角小三角形的工具按钮中，用鼠标按住该工具不放即可展开工具组。例如，用鼠标按住【直线段工具】，将展开钢笔工具组，用鼠标单击钢笔工具组右边的黑色三角形，钢笔工具组就从工具箱中分离出来，成为一个相对独立的工具栏，如图 1-3 所示。

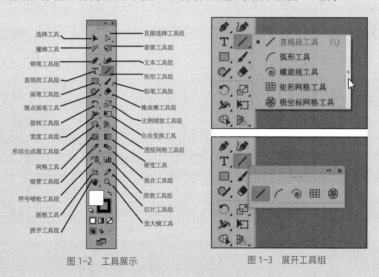

图 1-2　工具展示　　　　　　图 1-3　展开工具组

下面对主要工具的作用进行一下简单的介绍。

选择工具	该工具主要用来进行对象的选取，当需要选取一个对象时，只要单击该工具按钮，然后在对象上单击就可将其选中；当选取多个对象时，可拖动产生一个矩形选框，或者先按 Shift 键，再依次单击各个对象
直接选择工具组	它是一个较为常用的选取工具组，其中的工具可选择一个路径上的节点或某段路径，或者选择群组中单个的对象，然后对其进行单独的编辑

魔棒工具	该工具可以按对象填充的颜色进行选取，当用该工具单击一个对象时，与之填充颜色相同的对象也会被选中
套索工具组	该工具组中工具的功能与直接选择工具相似，只是它们的使用方法更为灵活，当选择工具后，在对象上按下左键拖动，鼠标指针经过范围内的内容都会被选中
钢笔工具组	运用钢笔工具可绘制各种形状的路径，而利用另外的3个工具，可在绘制的路径上添加或删除节点，或者转换节点的类型
文本工具组	该工具组中包括6个工具，它们可用于创建横排或竖排两种方式的文本。除了基本的文本块之外，用户可让文本在一个图形内排列，或者沿一个路径进行排列
直线段工具组	该工具组中包括直线工具、弧线工具、螺旋线工具、矩形网格线工具以及极线网格工具，使用这些工具可绘制直线、弧线等基本的路径
矩形工具组	该工具组中包括矩形、圆角矩形、椭圆形、星形等几个基本图形的绘制工具，另外，还新增了闪光工具，它可模拟光线的光晕效果
画笔工具组	该工具组可以各种形式的艺术笔触来绘制路径，当选择【画笔】面板中所提供的笔画样式后，它就会按所绘制的路径进行排列
铅笔工具组	铅笔工具也可绘制自由形状的路径，而另外的两个工具可对路径进行适当的修整，例如使路径变得更为平滑，以及擦除选定路径上不需要的一部分
旋转工具组	运用该工具组中的工具可进行一些对象的基本变换，如旋转、镜像对象，而扭曲工具可对选定的对象进行扭曲变形
比例缩放工具组	该工具组中包括3个工具，其中缩放工具可改变对象的大小，切变工具可使选定的对象产生倾斜，而利用整形工具，可修改部分路径的形状
宽度工具组	也称为液化工具组，它是 Illustrator CC 新增的一组工具，其中包括7个工具，利用这些工具，可以用不同的方式使路径产生不同程度的变形
自由变换工具	利用该工具可以对选定的对象进行自由变换，如缩放、旋转等
符号喷枪工具组	它也是新增的工具组，在其中包括8个工具，在使用第一个工具喷绘出符号后，可利用另外几个工具可对其进行一些编辑，如更改其大小、颜色、方向等
图表工具组	该工具组主要用来创建不同形式的图表，如柱形图、饼状图、折线图、环状图等
网格工具	运用该工具可对图形进行网格渐变填充
渐变工具	该工具可对选定的图形进行渐变填充，用户可控制渐变的方向、角度，结合【色板】面板可选择不同的渐变填充形式以及渐变颜色
吸管工具组	在该工具组中包含3个工具，其中吸管工具可从【颜色】面板中选取，或已经存在的图形中选取颜色；油漆桶工具可在一定范围内为图形填充颜色；而测量工具可测量两点之间的距离和角度
混合工具组	该工具组中包含两个工具，其中混合工具可将两个选定的图形对象进行混合，从而在两者之间产生形状和颜色的过渡；自动描摹工具可对导入的位图进行自动的描绘，从而产生该图像的轮廓

（续表）

切片工具组	该工具组中包括两个工具，其中切片工具可将选定的对象进行分割，而切片选择工具用来选择切片
橡皮擦工具组	该工具组中包括两个工具，其中剪刀工具能够将一个路径分割成两个或多个路径，它可使闭合路径转换为开放的路径；美工刀工具可将一个闭合的路径分割成多个独立的部分
抓手工具组	抓手工具可以移动视图，以对图形进行全面的查看；页面工具用来确定页面的范围
放大镜工具	该工具用来放大和缩小视图的显示比例

在工具箱的下方有填充与轮廓线填充选择器，它会显示当前的填充颜色和轮廓线颜色。在默认状态下，在页面上创建的对象为白色填充、黑色轮廓线填充。

在选择器下有 6 个按钮，第一排中的第一个按钮可显示当前正在填充的状态，第二个按钮可为选定对象应用渐变填充，而单击第三个按钮可使对象变为无填充和无轮廓线填充。

而第二排中的按钮可在不同的显示模式下进行切换，它们分别为标准屏幕模式、有菜单栏的全屏模式和全屏模式 3 种，如图 1-4 所示。

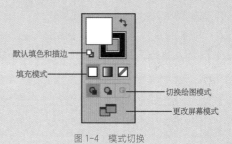

图 1-4　模式切换

■ 1.1.2　状态栏

状态栏位于文档窗口的最底部，利用状态栏可以完成视图的缩放、查看当前文件的信息等一些任务，如图 1-5 所示。

图 1-5　状态栏展示

状态栏由 3 部分组成，即视图比例下拉列表框、状态弹出式菜单以及滚动条。

视图比例是指当前绘图页面与文档窗口的比例。单击状态栏最左边的三角按钮，在弹出的下拉列表中提供了常用的几种比例，视图比例可调节的范围为 3.13%~6400%，用户可以从中选择，也可以直接在文本框内输入所需要的比例值，然后按 Enter 键确认，即可按该比例进行显示。

　　单击状态栏上的第二个三角按钮，就会打开状态弹出式菜单，在该菜单中包括当前正在使用的工具、时间和日期、内存的可用数量、操作的撤销和重做次数以及文件颜色的使用情况等选项，当选择一个选项后，前面会出现"√"标志，而在状态栏上就会出现相应的信息。

　　当用户需要查看文件时，可以通过拖动滚动条，或单击滚动按钮来移动窗口的显示位置。

1.2 矢量图和位图

　　由于在 Illustrator CC 中不仅可以绘制各种精美的矢量图形，而且可对导入的位图进行一些特殊的处理，因此，了解两类图形间的差异，对于学习 Illustrator 是很有必要的，在开始正式的内容学习之前，先来认识一下矢量图与位图的区别。

1. 矢量图形

　　所谓矢量又叫向量，是一种面向对象的基于数学方法的绘图方式，在数学上定义为一系列由线连接的点，用矢量方法绘制出来的图形叫作矢量图形。矢量绘图软件，也可以叫作面向对象的绘图软件，在矢量文件中的图形元素称为对象，每一个对象都是一个独立的实体，它具有大小、形状、颜色、轮廓等一些属性。由于每一个对象都是独立的，那么在移动或更改它们的属性时，就可维持对象原有的清晰度和弯曲度，并且不会影响到图形中其他的对象。

　　矢量图形是由一条条的直线或曲线构成的，在填充颜色时，将按照用户指定的颜色沿曲线的轮廓边缘进行着色，矢量图形的颜色和它的分辨率无关，当放大或缩小图形时，它的清晰度和弯曲度不会改变，并且其填充颜色和形状也不会更改，这就是矢量图的优点，如图 1-6 所示。

图 1-6 矢量图形展示效果

　　当用户在矢量绘图软件中绘制图形时，可直接在该软件中绘制一些基本的对象，如直线、矩形、圆、多边形等，然后再进行组合，以此来组成更为复杂的图形。用这种方法绘制出来的图形，用户可以很方便地对其进行一些相应的操作，如填充颜色，改变大小、形状以及添加一些特殊效果等。

2. 位图图像

位图图像，也称为点阵图像或绘制图像，它由无数个单独的点即像素点组成，每个像素点都具有特定的位置和颜色值，位图图像的显示效果与像素点是紧密相关的，它通过多个像素点不同的排列和着色来构成整幅图像。图像的大小取决于这些像素点的多少，图像的颜色也是由各个像素点的颜色来决定的。

位图图像与分辨率有关，即图像包含一定数量的像素，当放大位图时，可以看到构成整个图像的无数小方块，如图 1-7 所示。当扩大位图的大小时将增加像素点的数量，它使图像显示更为清晰、细腻；而缩小位图时，则会减少相应的像素点，从而使线条和形状显得参差不齐。由此可看出，对位图进行缩放时，实质上只是对其中的像素点进行相应的操作，其他操作也是如此。

图 1-7　位图图像展示效果

1.3　文件的基本操作

了解了软件的界面组成后，下面来看一下软件的一些基本操作，让我们从最基础的新建文件、打开文件，以及保存文件等操作开始学习该软件。

■ 1.3.1　新建文件

使用【新建】命令可以创建一个文件。启动 Illustrator CC 软件，选择【文件】|【新建】命令或按 Ctrl+N 组合键，弹出【新建文档】对话框，如图 1-8 所示。

图 1-8　【新建文档】对话框

对话框中的各项参数如下。

- 名称：可以在该文本框中输入新建文件的名称，默认状态下为"未标题 -1"。
- 配置文件：选择系统预定的不同尺寸类别。
- 画板数量：定义视图中画板的数量，当创建 2 个或 2 个以上的画板时，可定义画板在视图中的排列方式、间隔距离等选项。
- 大小：可以在下拉列表框中选择软件中已经预置好的页面尺寸，也可以在【宽度】和【高度】参数栏中自定义文件尺寸。
- 单位：在下拉列表框中选择文档的度量单位，默认状态下为毫米。
- 取向：用于设置新建页面是竖向或横向排列。
- 出血：可设置出血参数值，当数值不为 0 时，可在创建文档的同时，在画板四周显示设置的出血范围。
- 颜色模式：用于设置新建文件的颜色模式。
- 栅格效果：为文档中的栅格效果指定分辨率。
- 预览模式：为文档设置默认预览模式，可以使用【视图】菜单更改此选项。

【新建文档】对话框内的【预览模式】下拉列表中，【默认值】模式是在矢量视图中以彩色显示在文档中创建的图稿。放大或缩小时将保持曲线的平滑度。【像素】模式是显示具有栅格化（0 像素化）外观的图稿。它不会实际对内容进行栅格化，而是显示模拟的预览，就像内容是栅格一样。【叠印】模式提供【油墨预览】，模拟混合、透明和叠印在分色输出中的显示效果。

■ 1.3.2 打开文件

选择【文件】|【打开】命令，或按 Ctrl+O 组合键，弹出【打开】对话框，如图 1-9 所示。在【查找范围】下拉列表框中选择要打开的文件所在的文件夹，选中文件后单击【打开】按钮，即可打开选择的文件。

图 1-9 【打开】对话框

1.3.3 保存文件

当第一次保存文件时，选择【文件】|【存储】命令，或按 Ctrl+S
组合键，弹出【存储为】对话框，如图 1-10 所示。在对话框中输入要
保存文件的名称，设置保存文件的位置和类型。设置完成后，单击【保
存】按钮，即可保存文件。

图 1-10 【存储为】对话框

若是既要保留修改过的文件，又不想放弃原文件，则可以选择【文
件】|【存储为】命令，或按 Ctrl+Shift+S 组合键，打开【存储为】对话框，
在对话框中可以为修改过的文件重新命名，并设置文件的路径和类型。
设置完成后，单击【保存】按钮，原文件保持不变，修改过的文件被
另存为一个新的文件。

1.3.4 关闭文件

选择【文件】|【关闭】命令，或按 Ctrl+W 组合键，可将当前文件
关闭。【关闭】命令只有当文件被打开时才呈现为可用状态。单击文
件名称选项右侧的【关闭】按钮 ✕ 也可关闭文件，若当前文件被修改
过或是新建的文件，那么在关闭文件的时候就会弹出一个警告对话框，
如图 1-11 所示。单击【是】按钮即可先保存对文件的更改再关闭文件，
单击【否】按钮即不保存对文件的更改而直接关闭文件。

> **操作技巧**
>
> 在 Illustrator 中 新
> 建一个文件，当未做任
> 何更改，此时按 Ctrl+W
> 组合键可直接关闭空白
> 文档。

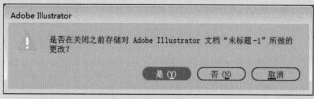

图 1-11 操作提示框

1.4 图像的显示效果

图形显示的基本操作命令都集中在【视图】菜单下。下面分成几
部分介绍相关的操作。

■ 1.4.1　选择视图模式

在 Illustrator CC 中，绘制图像时可以选择【轮廓】、【叠印预览】和【像素预览】3 种不同的视图模式。

- 【轮廓】模式：选择【视图】|【轮廓】命令，或按 Ctrl+Y 组合键，将切换到【轮廓】模式。在【轮廓】模式下，视图将显示为简单的线条状态，隐藏了图像的颜色信息，显示和刷新的速度将会比较快。可以根据需要单独查看轮廓线，以提高工作效率。
- 【叠印预览】模式：选择【视图】|【叠印预览】命令，将切换到【叠印预览】模式。【叠印预览】模式可以显示出四色套印的效果，接近油墨混合的效果，颜色上比正常模式下要暗一些。
- 【像素预览】模式：选择【视图】|【像素预览】命令，将切换到【像素预览】模式。【像素预览】模式可以将绘制的矢量图形转换为位图图像显示。这样可以有效控制图像的精确度和尺寸等，转换后的图像在放大时会看见排列在一起的像素点。

■ 1.4.2　放大 / 缩小显示图像

缩放视图是绘制图形时必不可少的辅助操作，可让读者在大图和细节显示上进行切换。

- 放大：选择【视图】|【放大】命令，或按 Ctrl++ 组合键，页面内的图像就会被放大。也可以使用【缩放工具】🔍放大显示图像，选择【缩放工具】🔍，指针会变为一个中心带有加号的放大镜，单击鼠标图像会被放大。
- 缩小：选择【视图】|【缩小】命令，或按 Ctrl+- 组合键，页面内的图像就会被缩小。也可以使用【缩放工具】🔍缩小显示图像，选择【缩放工具】🔍后，按住 Alt 键，图标变为缩小图标，单击鼠标，图像就会被缩小。

> **操作技巧**
>
> 单击【抓手工具】👋，按住鼠标左键直接拖动可以移动页面。在使用除【缩放工具】🔍以外的其他工具时，可以按住空格键同时在页面按住鼠标左键，此时将切换至【抓手工具】👋，然后拖动即可移动页面。

■ 1.4.3　全屏显示图像

Illustrator CC 有 3 种屏幕显示模式，即【正常屏幕模式】、【带有菜单栏的全屏模式】和【全屏模式】。

单击工具箱中的【更改屏幕模式】按钮 🖵 可以切换屏幕显示模式，也可以按键盘上的 F 键，在不同的屏幕显示模式间进行切换。【正常屏幕模式】是在标准窗口中显示图形，菜单栏位于窗口顶部，滚动条位于侧面。【带有菜单栏的全屏模式】是在全屏窗口中显示图形，有菜单栏但是没有标题栏或滚动条。【全屏模式】是在全屏窗口中显示图稿，不带标题栏、菜单栏或滚动条，按 Tab 键，可隐藏除图像窗口之外的所有组件。

■ 1.4.4　图像窗口显示

在绘制图形的过程中，如果需要更大的可操作空间，可以改变文档窗口在屏幕中的显示方式。当完成创建后，还可以进行全屏预览，操作时只要单击工具箱中底部的【更改屏幕模式】按钮 即可实现，如图 1-12 所示。

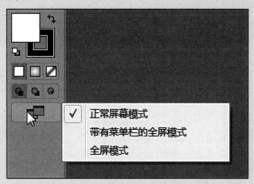

图 1-12　【更改屏幕模式】按钮

在默认状态下，菜单栏中的【正常屏幕模式】处于被选状态，这时在标准的窗口中显示图形文件，在文档窗口的顶部显示了菜单栏，在右边缘显示滚动条，而在窗口最下方显示状态栏。

单击中间的【带有菜单栏的全屏模式】选项，这时将显示菜单栏，而不会显示标题栏、状态栏及滚动条。

单击最下方的【全屏模式】选项，则会全屏显示该图形文件。

1.5　导出 Illustrator 文件

选择【文件】|【导出】命令，弹出【导出】对话框，如图 1-13 所示。在【文件名】选项右侧的文本框中可以重新输入文件的名称，在【保存类型】选项右侧的文件类型选项框中可以设置导出的文件类型，以便在指定的软件系统中打开导出的文件，然后单击【导出】按钮，弹出一个对话框，设置所需的选项后，单击【确定】按钮，完成导出操作。

图 1-13　【导出】对话框

【导出】命令可以将在软件中绘制的图形导出为多种格式的文件，以便在其他软件中打开并进行编辑处理。

1.6 打印 Illustrator 文件

选择【文件】|【打印】命令，弹出【打印】对话框，如图1-14所示。在【份数】选项右侧的文本框中可以输入打印份数，然后单击【打印】按钮，打印文件。

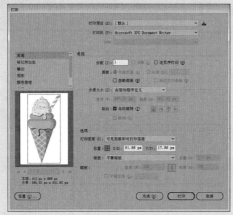

图 1-14 【打印】对话框

1.7 课堂练习——调整插画背景色

将图像导入到 Illustrator CC 软件中，调整画板大小并为其添加背景。

01 将本章素材"冰淇淋 .tif"文件拖入打开的 Illustrator CC 软件中，如图 1-15、图 1-16 所示。

图 1-15 导入素材

图 1-16 素材展示

02 使用【画板工具】在属性栏中调整画板大小，如图 1-17 所示。使用【矩形工具】在画板中单击，在弹出的对话框中设置矩形大小，然后单击【确定】按钮，创建矩形，如图 1-18 所示。

图 1-17　调整画板大小

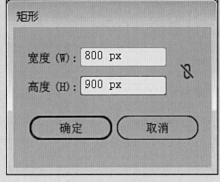

图 1-18　设置矩形大小

03 在属性栏中进行设置，然后单击【水平居中对齐】按钮 ，【垂直居中对齐】按钮 调整矩形与画板对齐，如图 1-19 所示。调整图层顺序，如图 1-20 所示。

图 1-19　设置对齐

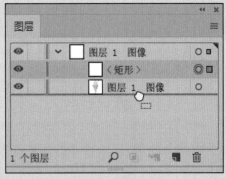

图 1-20　调整图层顺序

04 单击工具箱中的填色按钮，如图 1-21 所示，在弹出的面板中设置填充色，然后单击【确定】按钮，应用填充效果，如图 1-22 所示。最后执行【文件】|【存储】命令保存文件。

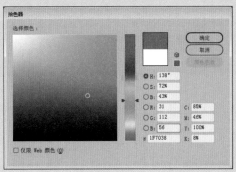

图 1-21　【拾色器】面板

图 1-22　填充效果

强化训练

项目名称　绘制简约立体对话框

项目需求

　　受某企业委托制作一张宣传页，其中需要制作对话框，要求对话框用于搭配文字并配合宣传页的主体风格，让用户在阅读时获得舒适感，特此以制作简约立体对话框作为本章案例，供读者练手。

项目分析

　　因用于宣传页，制作风格应简洁大方。在相应的页面中绘制适当大小的对话框，对话框设计须有个性化并设计立体效果，选择主要颜色为蓝色与白色，蓝色代表的是智慧，而白色代表的是简单。

项目效果

　　项目效果如图 1-23 所示。

图 1-23　简约立体对话框

操作提示

01 使用【椭圆工具】 绘制正圆，并使用【多边形工具】 绘制三角形。

02 将图形组合在一起，调整填充色并添加投影效果。

03 继续绘制正圆并添加投影效果，然后保存文件。

CHAPTER 02

图形的绘制

本章概述 SUMMARY

通过第 1 章的学习，对 Illustrator 的基础知识已经有了全面的了解。本章将介绍 Illustrator 工具箱中绘制基本图形的工具，如【矩形工具】▭、【圆角矩形工具】▭、【椭圆工具】◯等，利用这些工具可以绘制出简单的矩形、圆角矩形、圆形等图形。

▣ 学习目标

✓ 熟悉绘图工具之间的区别。

✓ 掌握手绘图形工具。

✓ 熟练应用工具编辑对象。

◎音乐图标的设计

◎镜像对象

2.1 绘制线段图形

线形工具是指【直线段工具】 ✐、【弧形工具】 ⌐、【螺旋线工具】 ◎、【矩形网格工具】 ▦、【极坐标网格工具】 ⊛，使用这些工具可以创建出线段组成的各种图形。

■ 2.1.1 绘制直线

使用【直线段工具】 ✐ 可以在页面上绘制直线。选择该工具后在视图中单击并拖动鼠标，释放鼠标左键后即完成直线段的绘制。

■ 2.1.2 绘制弧线

选择【弧形工具】 ⌐ 后可以直接在工作页面上拖动鼠标绘制弧线。如果要精确绘制弧线，选择【弧形工具】后在画板中单击，弹出【弧线段工具选项】对话框，设置参数后即可绘制弧线，如图 2-1 所示。

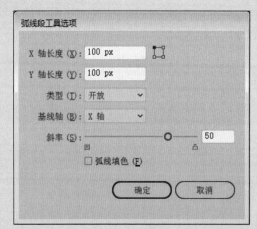
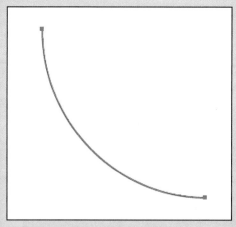

图 2-1　绘制弧线

对话框中各选项的介绍如下。

- X 轴长度：用来确定弧线在 X 轴上的长度。
- Y 轴长度：用来确定弧线在 Y 轴上的长度。
- 类型：在【类型】下拉列表框中可选择弧线的类型，有开放型弧线和闭合型弧线。
- 基线轴：选择所使用的坐标轴。
- 斜率：用来控制弧线的凸起与凹陷程度。

■ 2.1.3 绘制螺旋线

【螺旋线工具】 ◎ 可以绘制螺旋线。选择该工具后在画板中单击，弹出【螺旋线】对话框，设置参数后即可绘制螺旋线，如图 2-2 所示。

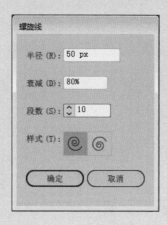
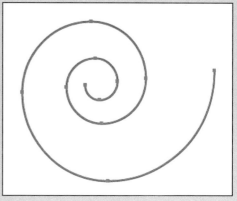

图 2-2　绘制螺旋线

对话框中的各项参数如下。

- 半径：可以定义涡形中最外侧点到中心点的距离。
- 衰减：可以定义每个旋转圈相对于前面的圈减少的量。
- 段数：可以定义段数，即螺旋圈由多少段组成。
- 样式：可以选择逆时针或是顺时针来指定螺旋线的旋转方向。

2.2　绘制基本图形

在 Illustrator 的工具箱中，为用户提供了多个绘制基本图形的工具，如【矩形工具】▢、【圆角矩形工具】▢、【椭圆工具】◯等，利用这些工具可以绘制出简单的矩形、圆角矩形、圆形等图形。

■ 2.2.1　绘制矩形和圆角矩形

绘制矩形和圆角矩形的方法相同，有 3 种方法绘制图形：通过使用【矩形工具】▢绘制矩形、配合键盘绘制矩形、精确绘制矩形。下面介绍矩形和圆角矩形的绘制方法。

1. 矩形工具

通过【矩形】对话框可以精确地控制矩形的高度和宽度。选择工具箱中的【矩形工具】▢，移动鼠标指针至页面中的任意位置并单击，此时会弹出【矩形】对话框，如图 2-3 所示。在该对话框中，用户可以根据需要在【宽度】和【高度】参数栏中设置矩形的宽度和高度，它们可设置的参数值都在 0~5779mm，单击【确定】按钮后，就会根据用户所设置的参数值，在页面中显示出相应大小的矩形，单击【取消】按钮，将关闭对话框并取消绘制矩形的操作。

图 2-3 【矩形】对话框

小试身手——快速绘制基本图形

以绘制矩形图形为例进行简单介绍，直接拖动鼠标也可绘制矩形，但是矩形的尺寸需要后期设置。

01 在工具箱中选择【矩形工具】▢，按住鼠标左键并拖动，如图 2-4 所示。

02 释放鼠标左键完成矩形的绘制，如图 2-5 所示。

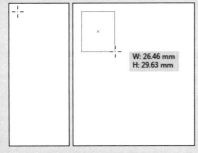

图 2-4 拖动鼠标

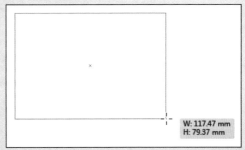

图 2-5 完成矩形的绘制

2. 圆角矩形工具

选择【圆角矩形工具】▢后，可以直接在工作页面上拖动鼠标绘制圆角矩形。要绘制精确的圆角矩形，选择【圆角矩形工具】▢后在页面中单击，弹出如图 2-6 所示的【圆角矩形】对话框，在【宽度】和【高度】参数栏中输入数值，在【圆角半径】参数栏中输入圆角半径值，可按照定义的大小和圆角半径绘制圆角矩形。

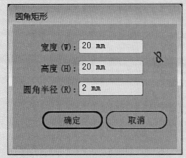

图 2-6 【圆角矩形】对话框

> **操作技巧**
>
> 在绘制圆角矩形的过程中，按住上箭头键或下箭头键可以改变圆角矩形的半径大小；按住左箭头键则可使圆角变成最小的半径值；按住右箭头键则可使圆角变成最大半径值。在绘制圆角矩形的过程中按住 Shift 键，可以绘制圆角正方形；按住 Alt+Shift 组合键，可以绘制以起点为中心的圆角正方形。

■ 2.2.2　绘制椭圆形和圆形

选择【椭圆工具】 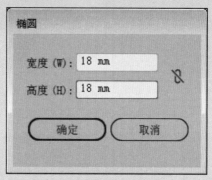，在工作页面中拖动鼠标可绘制椭圆形。或在页面中单击，弹出【椭圆】对话框，在【宽度】和【高度】参数栏中输入数值，可按照定义的大小绘制椭圆形，如图 2-7 所示。

> **提示一下**
>
> 在绘制椭圆形的过程中按住 Shift 键，可以绘制正圆形；按住 Alt+Shift 组合键，可以绘制以起点为中心的正圆形。

图 2-7　【椭圆】对话框

■ 2.2.3　绘制多边形

【多边形工具】 ⊙ 绘制的多边形都是规则的正多边形。要绘制精确的多边形图形，选择【多边形工具】 ⊙ 后在页面中单击，弹出【多边形】对话框，在【半径】参数栏中输入多边形的半径大小，在【边数】参数栏中设置多边形边数，可以按照定义的半径大小和边数绘制多边形图形，如图 2-8 所示。

> **提示一下**
>
> 在绘制多边形的过程中按住 Shift 键，可以绘制正不旋转的正多边形。

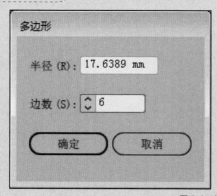

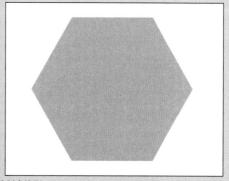

图 2-8　绘制多边形

■ 2.2.4　绘制星形

使用【星形工具】 ☆ 可以绘制不同形状的星形图形，使用该工具在页面中单击，可弹出【星形】对话框，在【半径 1】参数栏中设置所绘制星形图形内侧点到星形中心的距离，在【半径 2】参数栏中设置所绘制星形图形外侧点到星形中心的距离，在【角点数】参数栏中设置所绘制星形图形的角数，如图 2-9 所示。

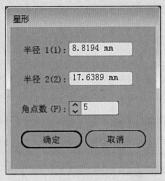

图 2-9　绘制星形

2.3　手绘图形工具

【铅笔工具】 用于绘制开放路径和闭合路径，就像用铅笔在纸上绘图一样。【平滑工具】 可以对路径进行平滑处理，而且将尽可能地保持路径的原始状态。【路径橡皮擦工具】 用来清除路径或笔画的一部分。

■ 2.3.1　铅笔工具

在使用【铅笔工具】 时不论是绘制开放的还是封闭的路径，都像在纸张上绘制一样方便。如果需要绘制一条封闭的路径，选中该工具后，在绘制开始以后按住 Alt 键，直至绘制完毕。在工具箱中双击【铅笔工具】 ，弹出如图 2-10 所示的【铅笔工具选项】对话框。

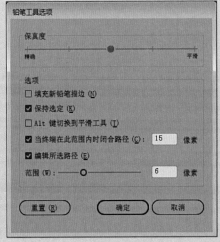

图 2-10　【铅笔工具选项】对话框

对话框中各选项介绍如下。
● 保真度: 控制曲线偏离鼠标原始轨迹的程度，保真度数值越低，得到的曲线的棱角就越多；数值越高，曲线越平滑，也就越接近鼠标的原始轨迹。

- 平滑：设置【铅笔工具】 使用时的平滑程度，数值越高越平滑。
- 保持选定：选中该选项可以在绘制路径之后仍然保持路径处于被选中的状态。
- 编辑所选路径：选中该选项可以对选择的路径进行编辑。

2.3.2　画笔工具

使用【画笔工具】 可以绘制自由路径，并可以为其添加笔刷，丰富画面效果。在使用【画笔工具】 绘制图形之前，首先要在【画笔】面板中选择一个合适的画笔，选用的画笔不同，所绘制的图形形状也不相同。

1. 预置画笔

双击工具箱中的【画笔工具】 ，将弹出【画笔工具选项】对话框，在该对话框中设置相应的选项及参数，可以控制路径的锚点数量及其平滑程度，如图 2-11 所示。

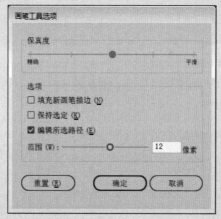

图 2-11　【画笔工具选项】对话框

对话框中的各项参数如下。

- 保真度：决定所绘制的路径偏离鼠标轨迹的程度，数值越小，路径中的锚点数越多，绘制的路径越接近光标在页面中的移动轨迹。相反，数值越大，路径中的锚点数就越少，绘制的路径与光标的移动轨迹差别也就越大。
- 平滑：决定所绘制的路径的平滑程度。数值越小，路径越粗糙；数值越大，路径越平滑。
- 填充新画笔描边：选中此选项，绘制路径过程中会自动根据【画笔】面板中设置的画笔来填充路径。若未选中此选项，即使【画笔】面板中做了填充设置，绘制出来的路径也不会有填充效果。
- 保持选定：选中此选项，路径绘制完成后仍保持被选择状态。

● 编辑所选路径：选中此选项，用【画笔工具】✎ 绘制路径后，可以像对普通路径一样运用各种工具对其进行编辑。

2. 画笔库

在默认状态下，【画笔】面板只显示几种基本的画笔样本，当用户需要更多种画笔样本时，可从 Illustrator CC 提供的画笔样本库中进行查找。画笔样本库可以帮助用户尽快地应用所需要画笔样本，以提高绘图速度。

虽然画笔样本库中存储了各种各样的画笔样本，但是用户不可以直接对它们进行添加、删除等编辑，只有把画笔样本库中的画笔样本导入到【画笔】面板后，用户才可以改变它们的属性。

小试身手——存储自己专属画笔样式

当用户需要从画笔样本库中导入画笔样本时，可参照下面的操作步骤进行。

01 在【窗口】菜单中指向【画笔库】命令，在其子菜单中包括多种画笔样本类型，用户可根据需要选择，如图 2-12 所示。

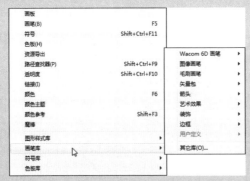

图 2-12　【画笔库】子菜单

02 例如，用户执行【窗口】|【画笔库】|【图像画笔】|【图像画笔库】命令后，将会弹出【图像画笔库】面板，如图 2-13 所示。

03 当用户选择面板中的一种画笔样本时，所选择的样本将被放置到【画笔】面板中，如图 2-14 所示。

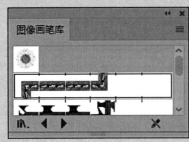

图 2-13　【图像画笔库】面板

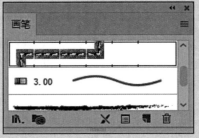

图 2-14　【画笔】面板

04 另外，执行【窗口】|【画笔库】|【其他库】命令，将弹出对话框，在该对话框中，用户可从其他位置选择含有画笔样本的文件，然后打开并使用这些样本，如图 2-15 所示。

图 2-15　【选择要打开的库】对话框

05 用户可将常用的画笔样本添加到【画笔】面板中，并执行【存储画笔库】命令将其存储为 Illustrator CC 文件，如图 2-16 所示。

06 在弹出的对话框中可设置库名称，单击【保存】按钮，存储画笔库，如图 2-17 所示。

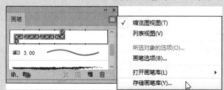

图 2-16　储存画笔库

图 2-17　【将画笔存储为库】对话框

07 再次编辑对象时，执行【窗口】|【画笔库】|【用户定义】命令，打开上一次保存的画笔库，即可将保存在文件中的【画笔】面板一同打开，但是，它不与现有的页面中的【画笔】面板重复，而是生成了另一个新面板，如图 2-18 所示。

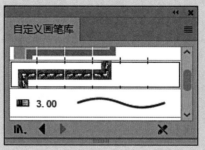

图 2-18　【自定义画笔库】面板

■ 2.3.3　平滑工具

如果要使用【平滑工具】，则要保证处理的路径处于被选中状态，然后在工具箱中选择该工具，在路径上需要平滑的区域内拖动，如图 2-19 所示。

图 2-19　使用平滑工具前后对比图

■ 2.3.4　路径橡皮擦工具

如果要使用【路径橡皮擦工具】 ✐ ，则要保证处理的路径处于被选中的状态，然后在工具箱中选择该工具，清除路径或笔画的一部分，效果如图 2-20 所示。

图 2-20　擦除路径效果对比图

2.4　对象的编辑

对象的编辑主要包括对象的选取、移动、旋转、缩放、分布等，是多种多样的。在 Illustrator CC 中，为用户配备了许多关于对象操作的工具，例如用于选取对象的选择工具、直接选择工具、编组选择工具等；用于变换对象的旋转工具、比例缩放工具、自由变换工具等。此外，用户还可以通过相关的对话框和面板来实现对对象的操作。在本节中，将为读者详细介绍 Illustrator CC 对象编辑方面的知识和技巧。

■ 2.4.1　对象的选取

在编辑对象之前，首先应该选取对象，在 Illustrator CC 中，提供了 5 种选择工具，包括【选择工具】 ▶ 、【直接选择工具】 ▷ 、【编组选择工具】 ▷ 、【魔棒工具】 ✐ 和【套索工具】 ⦾ 。

1. 选择工具

选择【选择工具】▶，将鼠标指针移动到对象或路径上，单击即可选取对象，对象被选取后会出现 8 个控制手柄和 1 个中心点，如图 2-21、图 2-22 所示。使用鼠标拖动控制手柄可以改变对象的形状、大小等。

图 2-21　选取对象　　　　　　图 2-22　改变图像形状、大小

使用【选择工具】▶可以扩选对象。选择【选择工具】▶，在页面上拖动画出一个虚线框，虚线框中的对象内容即可被全部选中。对象的一部分在虚线框内，对象内容就被选中，不需要对象的边界都在虚线区域内，如图 2-23、图 2-24 所示。

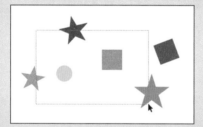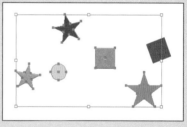

图 2-23　绘制选中区域　　　　　　图 2-24　选中效果展示

2. 直接选择工具

选择【直接选择工具】▷，用鼠标单击可以选取对象，如图 2-25 所示。在对象的某个锚点上单击，可以选中路径上独立的锚点，并显示出路径上的部分锚点的控制柄，以便于调整。被选中的锚点为实心状态，没有被选中的锚点为空心状态，如图 2-26 所示。单击并拖动锚点，将改变对象的形状，如图 2-27 所示。

操作技巧

在移动节点的时候，按住 Shift 键，节点可以沿着 45° 的整数倍方向移动；按住 Alt 键，可以复制节点，得到一段新路径。

图 2-25　选取对象　　　　图 2-26　选中锚点　　　　图 2-27　拖动锚点

3. 魔棒工具

选择【魔棒工具】 ⚡️，通过单击对象来选择具有相同的颜色、描边粗细、描边颜色、不透明度或混合模式的对象，如图 2-28、图 2-29 所示。

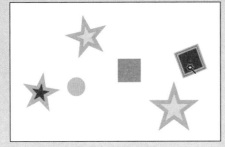
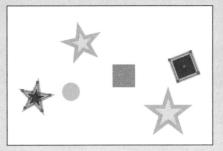

图 2-28　选取样式　　　　　　　　　　图 2-29　选中相同样式展示

4. 套索工具

选择【套索工具】 ⚲，在对象的外围单击并按住鼠标左键，拖动鼠标绘制一个套索圈，释放鼠标左键，对象即被选取，如图 2-30、图 2-31 所示。

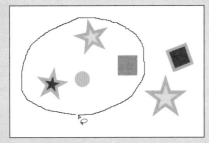

图 2-30　绘制选中区域　　　　　　　　图 2-31　选中状态展示

选择【套索工具】 ⚲，在对象外围单击并拖动鼠标，鼠标经过的对象将同时被选中，如图 2-32、图 2-33 所示。

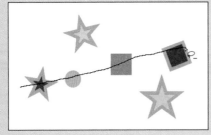
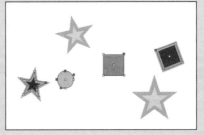

图 2-32　拖动鼠标　　　　　　　　　　图 2-33　选中状态展示

■ 2.4.2　对象的缩放、移动和镜像

若想对画面中的对象进行缩放、移动、镜像，可以使用命令，也可以使用工具箱中的工具。

1. 对象的缩放

在 Illustrator CC 中可以快速而精确地缩放对象，既能在水平或垂直方向放大和缩小对象，也能在两个方向上对对象整体缩放。

选取对象，选择【比例缩放工具】，对象的中心出现缩放对象的中心控制点，用鼠标在中心控制点上单击并拖动可以移动中心控制点的位置，用鼠标在对象上拖动可以缩放对象，如图2-34、图2-35所示。

图 2-34　用鼠标在对象上拖动　　　　　　　　　图 2-35　缩放效果

2. 移动对象

在 Illustrator CC 中，选中对象后，就可以根据不同的需要灵活地选择多种方式移动对象。

在对象上单击并按住鼠标左键不放，拖动鼠标至需要放置对象的位置，释放鼠标左键，即可移动对象，如图 2-36、图 2-37 所示。选取要移动的对象，用键盘上的方向键可以微调对象的位置。

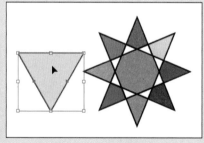

图 2-36　选中对象　　　　　　　　　图 2-37　移动对象

3. 镜像对象

镜像对象指的是将对象翻转过来。直接拖动左边或右边的控制手柄到另一边，可以得到水平镜像。直接拖动上边或下边的控制手柄到另一边，可以得到垂直镜像。按住 Alt+Shift 组合键，拖动控制手柄到另一边，对象会成比例地沿对角线方向镜像。按住 Alt 键，拖动控制手柄到另一边，对象会成比例地从中心镜像。

知识拓展

还可以通过以下两种方法来实现。第一种：使用边界框，使用【选择工具】选取要镜像的对象，按住鼠标左键直接拖动控制手柄到另一边，直到出现对象的蓝色虚线，释放鼠标左键即可得到不规则

的镜像对象。第二种：双击【镜像工具】▷◁，或选择【对象】|【变换】|【镜像】命令，弹出【镜像】对话框。可选择沿水平轴或垂直轴生成镜像，在【角度】参数栏数值框中输入角度，则沿着此倾斜角度的轴进行镜像。单击【复制】按钮可以在镜像时进行复制。

小试身手——一键图形翻转

使用镜像工具可以一键将对象翻转，操作步骤很简单。

01 选取对象，选择【镜像工具】▷◁，用鼠标拖动对象进行旋转，出现蓝色虚线，如图 2-38 所示。

02 这样可以实现图形的旋转变换，也就是围绕对象中心的镜像变换，如图 2-39 所示。

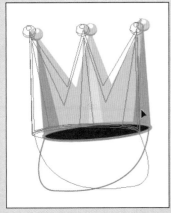

图 2-38　选取对象

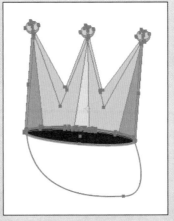

图 2-39　旋转变换

03 使用【镜像工具】▷◁，在绘图页面上任意位置单击，可以确定新的镜像轴中心点的位置，如图 2-40 所示。

04 对象在与镜像轴对称的地方生成镜像，如图 2-41 所示。

图 2-40　确定中心点的位置

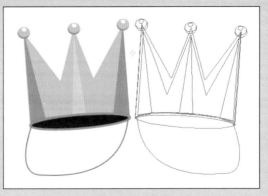

图 2-41　生成镜像

■ 2.4.3　对象的旋转和倾斜变形

　　旋转和变形是创作过程中经常用到的操作，可根据不同的需要灵活地选择使用边界框、旋转工具、菜单命令或【变换】面板旋转对象，使用倾斜工具、菜单命令或【变换】面板变形图形。

1. 旋转对象

　　在 Illustrator CC 中可以根据不同的需要灵活地选择多种方式旋转对象。

　　选取对象，选择【旋转工具】 ，在视图中单击并拖动鼠标即可旋转对象，对象围绕旋转中心 旋转。Illustrator CC 默认的旋转中心是对象的中心点，在视图中任意位置双击，可将旋转中心移动到双击的点上，改变旋转中心，使对象旋转到新的位置，如图 2-42、图 2-43 所示。

图 2-42　选取对象

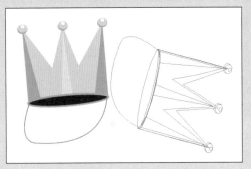

图 2-43　旋转对象

2. 倾斜对象

　　在 Illustrator CC 中可以根据不同的需要灵活地选择多种方式倾斜对象。

　　双击【倾斜工具】 ，或选择【对象】|【变换】|【倾斜】命令，弹出【倾斜】对话框，如图 2-44 所示。可选择水平或垂直倾斜，在【角度】参数栏数值框中输入对象倾斜的角度。单击【复制】按钮可以在倾斜时进行复制。

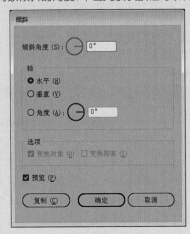

图 2-44　【倾斜】对话框

■ 2.4.4 复制对象

在 Illustrator CC 中，对象的复制是比较常见的操作，当用户需要得到一个与所绘制的完全相同的对象，或者想要尝试某种效果而不想破坏原对象时，可创建该对象的副本。

当复制对象时，要先选择所要复制的对象，然后执行【编辑】|【复制】命令，或者按 Ctrl+C 组合键，即可将所选择的信息输送到剪贴板中。

在使用剪贴板时，可根据需要对其进行一些设置，步骤如下。

执行【编辑】|【首选项】|【文件处理与剪贴板】命令，会打开【首选项】对话框，如图 2-45 所示。

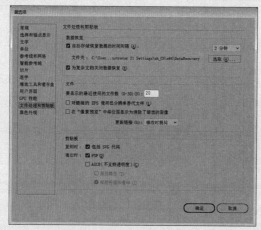

图 2-45 【首选项】对话框

在【退出时】选项组中有两个复选框，分别如下。

PDF：选择该复选框后，当在复制文件时会保留图形的透明度。

AICB：当选择此选项时将不复制对象的透明度。它会将完整的有透明度的对象转换成多个不透明的小对象，它下面有两个单选按钮，当选中【保留路径】单选按钮时，将选定对象作为一组路径进行复制；而当选中【保留外观和叠印】单选按钮时，它将复制对象的全部外观，如对象应用的滤镜效果。

在该对话框【退出时，剪贴板内容的复制方式】选项组中，可以设置文件复制到剪贴板的格式。

设置完成后，单击【确定】按钮，这时再进行复制，所做的设置就会生效。

小试身手——Illustrator 与 Photoshop 的交互操作

当拖动一个图形到 Photoshop 窗口中时，可按下面的步骤进行。

01 打开一个 Photoshop 图像文件窗口。

02 在 Illustrator 中选定对象，拖动图形到 Photoshop 窗口中释

放鼠标，如图 2-46、图 2-47 所示。

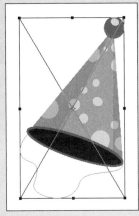 

图 2-46 载入效果   图 2-47 【图层】面板

03 拖动边框可调整文件的大小，按 Enter 键，完成操作，此时文件在 Photoshop 中转换为一个矢量智能图层，如图 2-48、图 2-49 所示。

图 2-48 完成载入   图 2-49 矢量智能图层效果

也可从 Photoshop 中拖动一个图像到 Illustrator 文件中，具体操作时只要先打开需要复制的对象，并将其选中，然后使用 Photoshop 中的移动工具拖动图像到 Illustrator 文件中。

2.5 课堂练习——音乐图标的设计

创建图标背景图形与画板中心对齐，然后创建矩形图标按键，最后添加琴弦，通过属性栏调整图形分布间距。

01 启动 Illustrator CC，执行【文件】|【新建】命令，在弹出的【新建文档】对话框中进行设置，然后单击【确定】按钮，新建文档，

如图 2-50 所示。使用【矩形工具】▢在画板中单击，创建与画板大小相同的矩形，如图 2-51 所示。

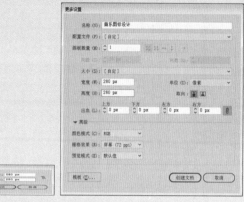

图 2-50 设置参数

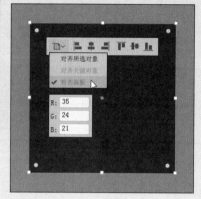

图 2-51 对齐对象

02 在属性栏中设置对齐对象为画板，单击【水平居中对齐】按钮 ✚ 和【垂直居中对齐】按钮 ✚ 使矩形与画板对齐。添加本章素材"木纹 .jpg"图像，如图 2-52 所示。

03 复制矩形并调整图层顺序，如图 2-53 所示。

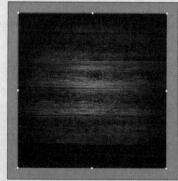

图 2-52 添加素材

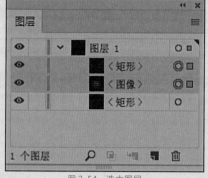

图 2-53 调整图层顺序

04 选中图层，执行【对象】|【剪切蒙版】|【建立】命令，创建剪切蒙版，如图 2-54、图 2-55 所示。

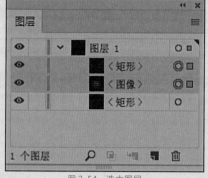

图 2-54 选中图层

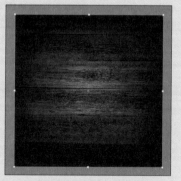

图 2-55 创建剪切蒙版

05 调整剪切组图形的不透明度，如图 2-56 所示。使用【圆角矩形工具】🔲配合 Shift 键绘制正圆角矩形，在绘制过程中配合↑键控制圆角大小，如图 2-57 所示。

图 2-56　调整不透明度

图 2-57　调整圆角大小

06 复制圆角矩形，使用【矩形工具】🔲绘制矩形，如图 2-58 所示。选中矩形和复制的圆角矩形，创建相交图形，如图 2-59 所示。

图 2-58　复制图形

图 2-59　创建相交图形

07 调整图形填充色，如图 2-60 所示。继续添加木纹图像，如图 2-61 所示。

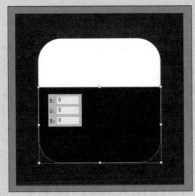

图 2-60　调整图形填充色

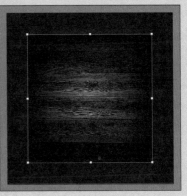

图 2-61　添加木纹图像

08 调整木纹图像至白色圆角矩形的下方，然后同时选中圆角矩形和木纹，创建剪切蒙版，如图 2-62、图 2-63 所示。

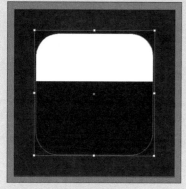
图 2-62　调整顺序

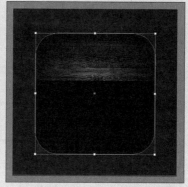
图 2-63　创建剪切蒙版

09 绘制矩形并配合 Alt 键复制图形，如图 2-64、图 2-65 所示。

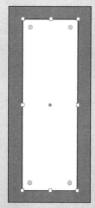
图 2-64　选中图形

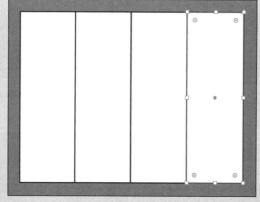
图 2-65　复制图形并移动

10 调整 4 个矩形宽度与圆角矩形宽度相同，如图 2-66 所示。调整图层顺序，如图 2-67 所示。

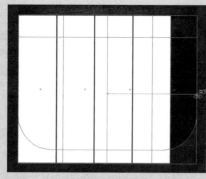

图 2-66　调整宽度

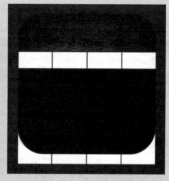
图 2-67　调整图层顺序

11 复制黑色不规则图形，然后选中其中一个白色矩形，如图 2-68、图 2-69 所示创建相交图形。

图 2-68　复制图形

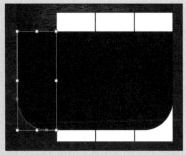

图 2-69　创建相交图形

12 依次创建白色矩形与不规则图形的相交图形，调整图形的颜色，如图 2-70 所示。调整图形的宽度，如图 2-71 所示。

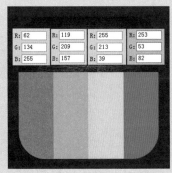

图 2-70　调整颜色

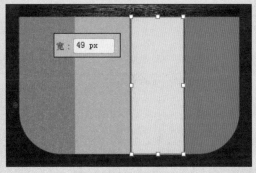

图 2-71　调整宽度

13 继续调整图形的宽度，如图 2-72 所示。使用【直接选择工具】▶ 选中并调整锚点的位置，使图形间距拉大，如图 2-73 所示。

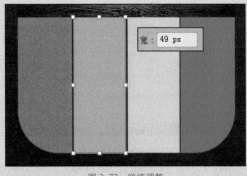

图 2-72　继续调整

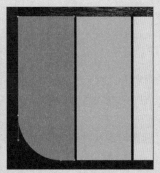

图 2-73　调整锚点位置

14 继续调整图形，如图 2-74 所示。执行【效果】|【风格化】|【内发光】命令，在弹出的对话框中进行设置，然后单击【确定】按钮，创建内发光效果，如图 2-75 所示。

15 继续添加内发光效果，注意调整内发光颜色的变化，如图 2-76 所示。

16 选中下方的黑色不规则图形，执行【效果】|【风格化】|【投影】命令，弹出【投影】对话框，如图 2-77 所示。

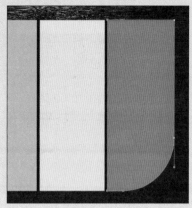

图 2-74　调整图形

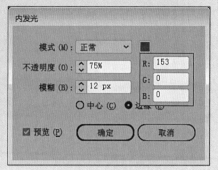

图 2-75　设置内发光

图 2-76　调整内发光颜色

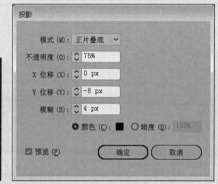

图 2-77　设置投影

17 添加投影效果，如图 2-78 所示。

18 使用【椭圆工具】◯绘制椭圆，如图 2-79 所示。

图 2-78　添加投影

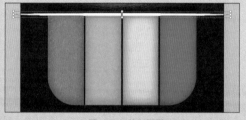

图 2-79　绘制椭圆

19 执行【效果】|【模糊】|【高斯模糊】命令，添加高斯模糊效果，如图 2-80、图 2-81 所示。

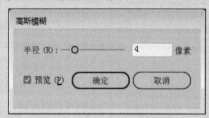

图 2-80　设置高斯模糊

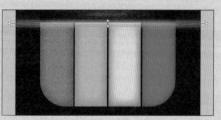

图 2-81　高斯模糊效果

20 继续绘制矩形并加选上一步创建的椭圆，创建蒙版，如图 2-82 所示。

图 2-82　创建蒙版

21 绘制圆角矩形，如图 2-83 所示。绘制矩形并修剪圆角矩形，如图 2-84 所示。

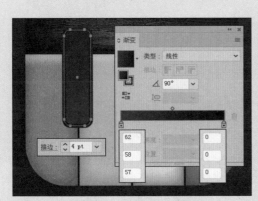

图 2-83　绘制圆角矩形

图 2-84　绘制矩形

22 复制修剪后得到的图形如图 2-85 所示。绘制矩形，如图 2-86 所示。

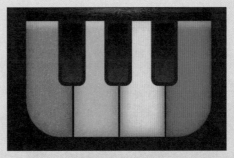

图 2-85　修剪效果

图 2-86　绘制矩形

23 为上一步创建的矩形添加投影效果，如图 2-87 所示。复制矩形并调整填充色，如图 2-88 所示。

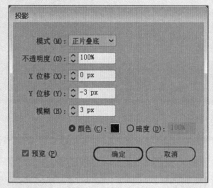

图 2-87 设置投影

图 2-88 调整填充色

24 选中矩形，单击属性栏中的【水平居中分布】按钮 ，调整图形的对齐方式，如图 2-89、图 2-90 所示。

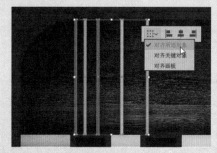

图 2-89 设置对齐方式

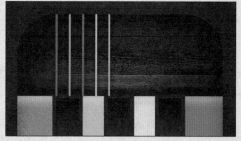

图 2-90 对齐效果

25 添加"镜头 .tif"素材图像，如图 2-91 所示。使用【多边形工具】 在画板中单击，创建三角形，参数设置如图 2-92 所示。

图 2-91 添加素材

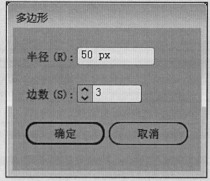

图 2-92 设置参数

26 移动三角形的位置，如图 2-93 所示。执行【效果】|【变形】|【挤压】命令，创建变形效果，如图 2-94 所示。

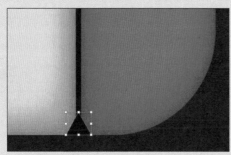

图 2-93 移动位置

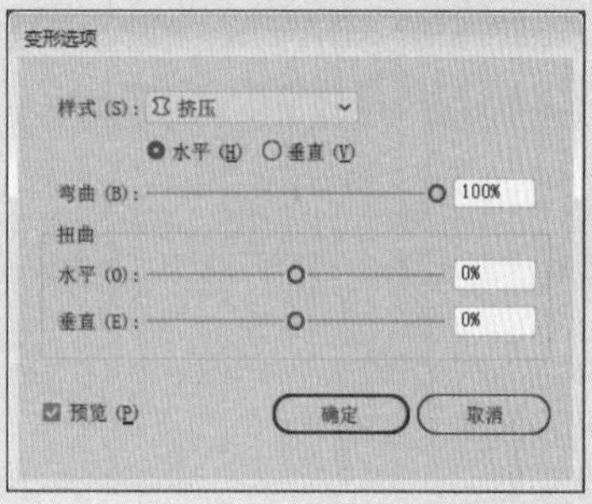

图 2-94 【变形选项】对话框

27 复制上一步创建的三角形，如图 2-95 所示。

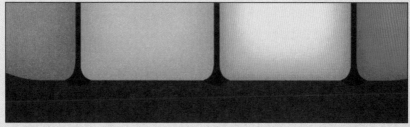

图 2-95 复制三角形

28 绘制矩形并创建三角形的剪切蒙版，如图 2-96 所示。

图 2-96 创建剪切蒙版

29 实例效果如图 2-97 所示。

图 2-97 完成效果

强化训练

项目名称　制作企业 Logo

项目需求

受某企业委托制作企业标识，要求简约、醒目、大气、有品质感，充满活力，给人耳目一新的感觉，可以突出公司文化或行业的特点。

项目分析

Logo 是由公司的名字英文字母中的 S 组合旋转而成，象征了公司的团结，Logo 添加了渐变色，象征了公司未来充满活力，未来会多姿多彩。Logo 图形的空间层次感强，给人简洁大气的感觉。

项目效果

项目效果如图 2-98 所示。

图 2-98　Logo 制作效果

操作提示

01 创建 S 文本，并添加渐变色。

02 分别为文本添加内发光、投影、高斯模糊特效。

03 通过添加剪切蒙版使图形巧妙组合。

CHAPTER 03

对象的组织

本章概述 SUMMARY

为了更有效地管理画面中的图形对象，可合理地设置对象的对齐与分布，使画面看起来更加规整、舒适。在Illustrator CC中，对象的移动、变换、复制、群组等内容是最基本的操作技能，本章将针对这些基本操作方法进行讲述。

■ 学习目标

✓ 熟悉工具箱中的选取工具
✓ 掌握对象的对齐和分布
✓ 了解锁定／隐藏对象的重要性
✓ 熟练应用图层控制对象

◎绘制灯泡

◎隐藏对象

3.1 图形的选择

在编辑对象之前，首先应该选取对象，在 Illustrator CC 中，提供了 5 种选择工具，包括选择工具 ▶、直接选择工具 ▷、编组选择工具 ▷、魔棒工具 ✗ 和套索工具 ℘。

■ 3.1.1 菜单中的移动命令

双击【选择工具】▶，或选择【对象】|【变换】|【移动】命令，弹出【移动】对话框，单击【复制】按钮可以在移动时进行复制，如图 3-1 所示。

图 3-1 【移动】对话框

> **提示一下**
>
> 　　按住 Alt 键可以将对象进行移动复制，若同时按住 Alt+Shift 组合键，可以确保对象在水平、垂直、45°的倍数方向上移动复制。

■ 3.1.2 工具箱中的选取工具

选择【选择工具】▶，将鼠标指针移动到对象或路径上，单击即可选取对象，如图 3-2 所示。对象被选取后会出现 8 个控制手柄和 1 个中心点，使用鼠标拖动控制手柄可以改变对象的形状、大小等，如图 3-3 所示。

> **提示一下**
>
> 　　按住 Shift 键，分别在要选取的对象上单击，即可连续选取多个对象。用扩选的方法可以同时选取一个或多个对象。

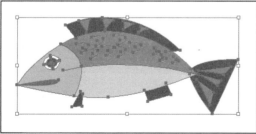

图 3-2 选取对象

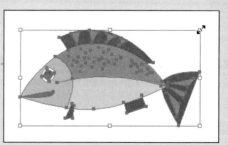

图 3-3 调整图像大小

可使用【选择工具】▶扩选对象，选择【选择工具】▶，在页面上拖动画出一个虚线框，虚线框中的对象内容即被全部选中。对象的一部分在虚线框内，对象内容就被选中，不需要对象的边界都在虚线区域内，如图 3-4、图 3-5 所示。

图 3-4　框选

图 3-5　选中对象

3.2　对象的对齐和分布

有时为了达到特定的效果，需要精确对齐和分布对象，对齐和分布对象能使对象之间互相对齐或间距相等。选择【窗口】|【对齐】命令，调出【对齐】面板，如图 3-6 所示。单击面板右上方的▤按钮，在弹出的菜单中选择【显示选项】命令，显示【分布间距】选项组，如图 3-7 所示。

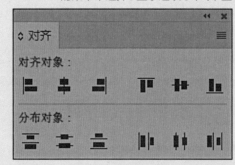

图 3-6　【对齐】面板

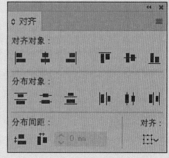

图 3-7　显示【分布间距】选项组

■ 3.2.1　对齐对象

【对齐】面板中【对齐对象】选项组包含 6 个对齐命令按钮：水平左对齐▤、水平居中对齐▤、水平右对齐▤、垂直顶对齐▤、垂直居中对齐▤、垂直底对齐▤。

选取要对齐的对象，单击【对齐】面板中【对齐对象】选项组的对齐命令按钮，所有选取的对象互相对齐，如图 3-8、图 3-9 所示。

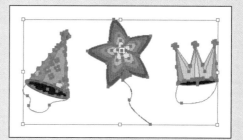

图 3-8 选中对象　　　　　　　　　　图 3-9 对齐效果

3.2.2 分布对象

【对齐】面板中【分布对象】选项组包含 6 个分布命令按钮：垂直顶分布、垂直居中分布、垂直底分布、水平左分布、水平居中分布、水平右分布。

选取要分布的对象，单击【对齐】面板中【分布对象】选项组的分布命令按钮，所有选取的对象之间按相等的间距分布。

小试身手——多个对象进行标准分布

如果需要指定对象间固定的分布距离，可单击【对齐】面板【分布间距】选项组中的【垂直分布间距】按钮和【水平分布间距】按钮。

01 选中要指定固定分布间距的对象，如图 3-10 所示。

02 在【对齐】面板中单击【垂直分布间距】按钮，再单击被选取对象中的任意一个对象，如图 3-11 所示。

03 如图中所示，在激活的参数栏中输入固定的分布距离，设置完毕后再次单击【垂直分布间距】按钮，所有被选取的对象将以参照对象为参照，按设置的数值等距离垂直分布，如图 3-12 所示。

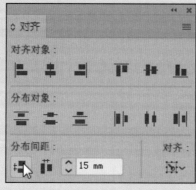
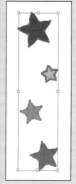

图 3-10 选中对象　　　　图 3-11 【对齐】面板　　　　图 3-12 垂直分布

【水平分布间距】按钮的使用方法与【垂直分布间距】按钮相同。

3.3　对象的图层顺序

复杂的绘图是由一系列相互重叠的对象组成的，而这些对象的排列顺序决定了图形的外观。

■ 3.3.1　对象的顺序

选择【对象】|【排列】命令，其子菜单包括 5 个命令，如图 3-13 所示，使用这些命令可以改变对象的排序。应用快捷键也可以对对象进行排序，熟记快捷键可以调高工作效率。

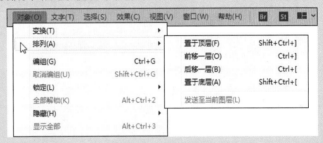

图 3-13　【排列】子菜单

小试身手——快速调整对象先后顺序

首先了解各种命令的含义，再根据需要选择调整方式。

01 若要把对象移到所有对象前面，选择【对象】|【排列】|【置于顶层】命令，或按 Ctrl+Shift+] 组合键，如图 3-14、图 3-15 所示。

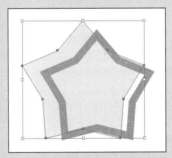

图 3-14　选中对象

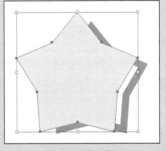

图 3-15　置于顶层

02 若要把对象移到所有对象后面，选择【对象】|【排列】|【置于底层】命令，或按 Ctrl+Shift+[组合键，如图 3-16、图 3-17 所示。

03 若要把对象向前面移动一个位置，选择【对象】|【排列】|【前移一层】命令，或按 Ctrl+] 组合键，如图 3-18、图 3-19 所示。

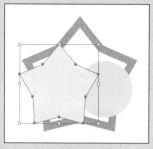
图 3-16　选中对象

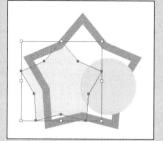
图 3-17　置于底层

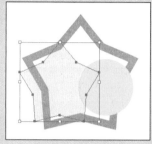
图 3-18　选中对象

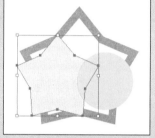
图 3-19　前移一层

04 若要把对象向后面移动一个位置，选择【对象】|【排列】|【后移一层】命令，或按 Ctrl+[组合键，如图 3-20、图 3-21 所示。

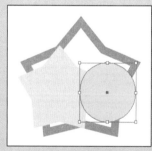
图 3-20　选中对象

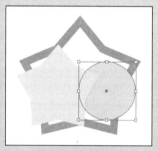
图 3-21　后移一层

■ 3.3.2　使用图层控制对象

若要把对象移到当前图层，选择【对象】|【排列】|【发送至当前图层】命令，如图 3-22、图 3-23 所示。

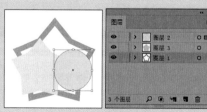
图 3-22　选择对象

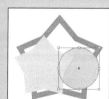
图 3-23　发送至当前图层

3.4 编组

群组就是将多个独立的对象捆绑在一起，而把它们当作一个整体来进行操作，并且群组中的每个对象都保持其原来的属性。另外，也可以创建嵌套的群组，嵌套群组即由几个对象或对象群组（或者两者都有）构成的更大的群组。如果要防止相关对象的意外更改，可以把对象群组在一起，它有利于保持对象间的连接和空间关系，而嵌套群组在绘制包含多个复杂元素的图形时特别有用。

当群组对象之后，就可以整体改变各个对象的属性，而不用单独地更改其中某个对象的属性，如进行填充、变换等操作。

小试身手——打包选定对象

用户需要群组对象时，可先选定对象，然后再执行【群组】命令，而在对象群组后，还可以统一更改它们的属性。当群组对象时，可按下面的步骤进行。

01 用选取工具选择需要进行群组的对象，或者选择需要构成整个对象的一部分，如图 3-24 所示。

02 执行【对象】|【编组】命令，也可在选定对象上右击，在弹出的快捷菜单中执行【编组】命令，或者使用 Ctrl+G 组合键。

03 这时选定的对象已成为一个整体，在进行移动、变换等操作时，它们都将发生改变。选定的对象，群组后并经过变换的效果如图 3-25 所示。

图 3-24 选择对象

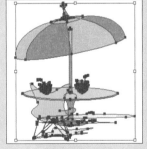
图 3-25 编组后

3.5 锁定与隐藏对象

在 Illustrator CC 中创建复杂的设计作品时，必然会在绘图页面创建很多对象，这样在选择和查看时都会很不方便。而使用图层来管理对象，就可以解决这个问题，如图 3-26、图 3-27 所示。图层就像一个文件夹一样，它可包含多个对象，用户可以对图层进行各种编辑，

如更改各个对象的排列层序，在一个父图层下创建子图层，在不同的
图层之间移动对象，以及更改整个图层的排列顺序等。

图 3-26　Illustrator 文件

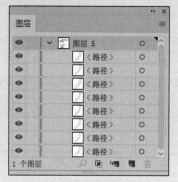

图 3-27　【图层】面板

■ 3.5.1　锁定对象

锁定对象可以防止误操作的发生，也可以防止当多个对象重叠时，
选择一个对象会连带选取其他对象。

选取要锁定的对象，选择【对象】|【锁定】|【所选对象】命令或
按 Ctrl+2 组合键，可以将所选对象锁定，当其他图形移动时，锁定了
的对象不会被移动，如图 3-28、图 3-29 所示。

图 3-28　选中锁定对象

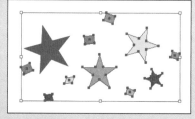

图 3-29　锁定后效果

■ 3.5.2　隐藏对象

使用【隐藏】子菜单中的命令可以隐藏对象。

选取对象，选择【对象】|【隐藏】|【所选对象】命令或按 Ctrl+3
组合键，可以将所选对象隐藏起来，如图 3-30、图 3-31、图 3-32 所示。

图 3-30　Illustrator 文件

图 3-31　选中对象

图 3-32　对象隐藏

3.6 课堂练习——绘制扁平化灯泡

使用【钢笔工具】 绘制灯泡，通过创建图形与灯泡的相交图形，创建灯泡的投影和高光效果，让灯泡看起来更立体，如果让这些色块达到想要的前后效果，就需要在【图层】面板中或利用【顺序】命令，调整图层顺序。

01 在 Illustrator CC 中新建文档，如图 3-33 所示。使用【矩形工具】 在文档中单击，创建矩形，参数设置如图 3-34 所示。

图 3-33 新建文档　　　　图 3-34 设置参数

02 为矩形添加填充色并取消轮廓色，如图 3-35 所示。单击属性栏中的【水平居中对齐】按钮 和【垂直居中对齐】按钮 ，使矩形与画板中心对齐，如图 3-36 所示。

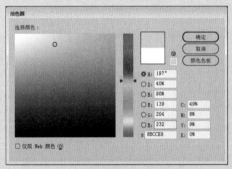

图 3-35 添加填充色　　　　图 3-36 对齐画板

03 使用【钢笔工具】 绘制灯泡图形，如图 3-37 所示。配合 Shift 键加选矩形，然后单击矩形，单击属性栏中的【水平居中对齐】按钮 对齐图形，如图 3-38 所示。

04 配合 Alt 键复制图形，如图 3-39 所示。选中下方的图形，执行【编辑】|【复制】命令和【编辑】|【就地粘贴】命令，复制图形，如图 3-40 所示。

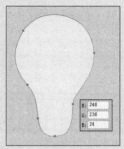
图 3-37 绘制图形

图 3-38 对齐图形

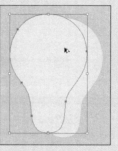
图 3-39 复制图形

图 3-40 复制图形

05 选中图形，单击【路径查找器】面板中的【交集】按钮，创建相交图形并调整图形的填充色，如图 3-41、图 3-42 所示。

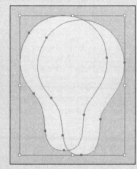
图 3-41 选中图形

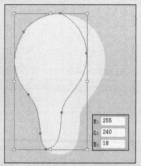
图 3-42 调整填充色

06 继续复制灯泡图形，如图 3-43 所示。原地复制灯泡图形，如图 3-44 所示。然后单击【路径查找器】面板中的【减去顶层】按钮，使用复制的图形修剪灯泡图形，效果如图 3-45 所示。

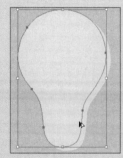
图 3-43 复制图形

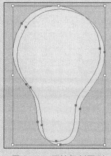
图 3-44 原地复制图形

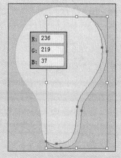
图 3-45 修剪图形

07 继续复制灯泡图形，使用【钢笔工具】绘制图形，创建与灯泡的相交图形，如图 3-46、图 3-47、图 3-48 所示。

08 选中并原地复制图形，如图 3-49 所示。然后创建相交图形，如图 3-50 所示。

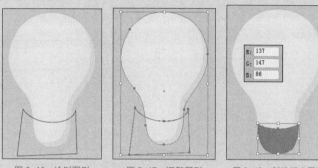

图 3-46　绘制图形　　　　图 3-47　调整图形　　　　图 3-48　创建相交图形

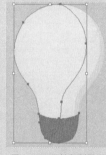
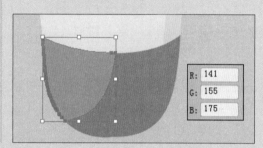

图 3-49　原地复制图形　　　　　　　图 3-50　创建相交图形

09 继续复制灯泡图形，使用【钢笔工具】 绘制图形，创建与灯泡的相交图形，如图 3-51、图 3-52、图 3-53 所示。

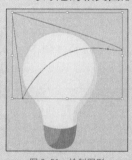
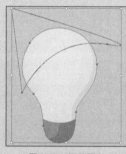

图 3-51　绘制图形　　　　图 3-52　调整图形　　　　图 3-53　创建相交图形

10 调整图形不透明度为 50%，如图 3-54 所示。

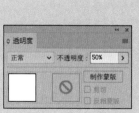
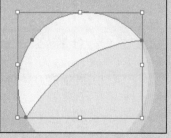

图 3-54　调整图形不透明度

11 使用【钢笔工具】 绘制装饰图形，设置画笔类型，如图 3-55 所示。

⑫ 继续绘制装饰图形，如图 3-56 所示。使用【椭圆工具】 ⬭ 配合 Shift 键绘制正圆，如图 3-57 所示。

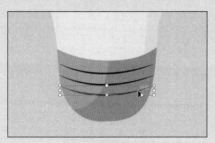

图 3-55 绘制装饰图形

图 3-56 继续绘制装饰图形

图 3-57 绘制正圆

⑬ 使用【画笔工具】 ✏ 绘制图形，如图 3-58 所示。复制并调整灯泡图形，如图 3-59 所示。

图 3-58 绘制图形

图 3-59 复制并调整图形

⑭ 创建上一步图形的相交图形并调整图层顺序，如图 3-60、图 3-61、图 3-62 所示。

图 3-60 创建相交图形

图 3-61 调整图层顺序

图 3-62 调整效果

⑮ 绘制正圆并使用【钢笔工具】 ✒ 绘制线段，如图 3-63、图 3-64、图 3-65 所示。

⑯ 使用快捷键 R 显示线段的旋转中心点，如图 3-66 所示。移动旋转中心点至正圆中心，配合 Alt 键复制并旋转线段，如图 3-67 所示。然后使用 Ctrl+D 组合键复制并旋转图形，如图 3-68 所示。

图 3-63　绘制图形

图 3-64　绘制线段

图 3-65　设置线段样式

图 3-66　旋转中心点

图 3-67　复制并旋转线段

图 3-68　复制并旋转图形

17 选中并隐藏图形，如图 3-69、图 3-70 所示。

图 3-69　选中图像

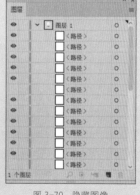
图 3-70　隐藏图像

18 使用【直线段工具】 ✐ 绘制线段，如图 3-71 所示。使用【文本工具】 T 添加文字信息，完成实例的制作，如图 3-72 所示。

图 3-71　绘制线段

图 3-72　添加文本

强化训练

项目名称　绘制可爱猫头鹰

项目需求

受某企业委托制作一本企业画册，其中涉及需要制作画册可爱插图，要求插图与文字搭配，画册的风格一致，符合企业品牌、产品理念，具有画面感和品质感。

项目分析

制作插图时分步绘制猫头鹰外形，会更容易绘制图形，方便改动，填充暖色调颜色，使整个画面给人暖和的感觉。制作时配合使用图层，调整图层顺序可以更快地完成制作。

项目效果

项目效果如图 3-73 所示。

图 3-73　绘制猫头鹰

操作提示

01 首先绘制背景图层及点缀的小形状。

02 之后绘制猫头鹰的身体形状及标志性特征。

03 最后绘制树枝及树叶并将其编组，调整其图层顺序。

CHAPTER 04

颜色的填充

本章概述 SUMMARY

通过给图形加上不同的颜色，会产生不同的感觉。可以通过使用 Illustrator 中的各种工具、面板和对话框为图形选择颜色。

■ 学习目标

√ 熟悉【颜色】面板与【色板】面板。

√ 了解渐变填充的操作方式。

√ 掌握描边的设置与编辑。

√ 熟练应用【符号】控制面板。

◎制作逼真高光气泡

◎编辑图案

4.1 填充颜色

■ 4.1.1 【颜色】面板

可以利用【颜色】面板设置填充颜色和描边颜色。从【颜色】面板菜单中可以创建当前填充颜色或描边颜色的反相和补色，还可以为选定颜色创建一个色板。选择【窗口】|【颜色】命令，弹出【颜色】面板，单击【颜色】面板右上角的按钮，在弹出菜单中选择当前取色时使用的颜色模式，可使用不同颜色模式显示颜色值，如图4-1所示。

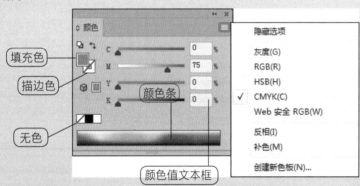

图 4-1 【颜色】面板

填充色
描边色
无色
颜色条
颜色值文本框

小试身手——让绘制的图形更出彩

更改图形的描边颜色，操作步骤如下。

01 选中需要更改颜色的图形，如图4-2所示。

图 4-2 选中图形

02 在【颜色】面板中单击填充色按钮，设置颜色为红色，如图4-3、图4-4所示。

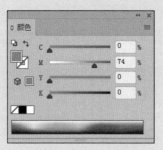

图 4-3　设置填充颜色

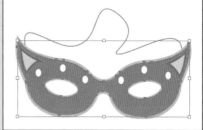

图 4-4　填充效果

03 单击描边色按钮，移动鼠标指针至面板底部的色带上并单击，选中红色区域，然后在颜色参数设置区域设置数值，得到深黄色，如图 4-5、图 4-6 所示。

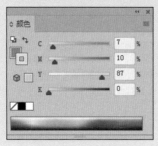

图 4-5　设置描边颜色

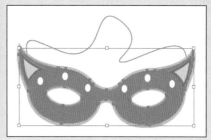

图 4-6　描边效果

■ 4.1.2　【色板】面板

从【色板】面板也可以选择颜色，选择【窗口】|【色板】命令，弹出【色板】面板，【色板】面板提供了多种颜色、渐变和图案，还可以添加并存储自定义的颜色、渐变和图案，如图 4-7 所示。

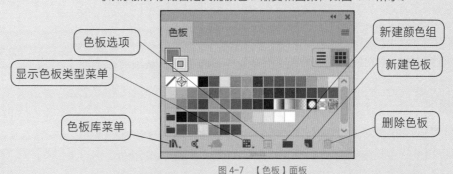

图 4-7　【色板】面板

色板库是预设颜色的集合，选择【窗口】|【色板库】命令或单击【色板库菜单】按钮 ，可以打开色板库。打开一个色板库时，该色板库将显示在新面板中。选择【窗口】|【色板库】|【其他库】命令，在弹出的对话框中可以将其他文件中的色板样本、渐变样本和图案样本导入【色板】面板中。

单击【显示色板类型菜单】按钮 ，并选择一个命令。选择【显示所有色板】命令，可以使所有的样本显示出来；选择【显示颜色色板】命令，仅显示颜色样本；选择【显示渐变色板】命令，仅显示渐变样本；选择【显示图案色板】命令，仅显示图案样本；选择【显示颜色组】命令，仅显示颜色组。

双击【色板】面板中的颜色缩略图■会弹出【色板选项】对话框，可以设置其颜色属性，如图 4-8 所示。

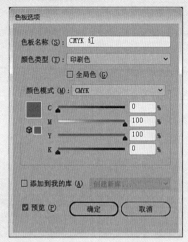

图 4-8　【色板选项】面板

操作技巧

> 　　在【颜色】面板或【渐变】面板中设置颜色或渐变色后，将其拖动至【色板】面板中，可以在【色板】面板中生成新的颜色。

4.2　渐变填充

除了单色的填充外，还可为对象填充渐变色，渐变填充是在同一个对象中，产生一种颜色或多种颜色向另一种或多种颜色之间逐渐过渡的特殊效果。

在 Illustrator CC 中，创建渐变效果有两种方法，一种是使用工具箱中的【渐变工具】■，另一种是使用【渐变】面板，设置选定对象的渐变颜色；还可以直接使用【样本】面板中的渐变样本。

■ 4.2.1　【渐变】控制面板

如果需要精确地控制渐变颜色的属性，就需要使用【渐变】面板。选择【窗口】|【渐变】命令，弹出【渐变】面板，如图 4-9 所示。

在渐变条下方单击，可以添加一个色标，然后在【颜色】面板中调配颜色，可以改变添加的色标颜色，也可以按住 Alt 键复制色标。用鼠标按住色标不放并将其拖动到【渐变】面板外，可以直接删除色标。

渐变颜色由渐变条中的一系列色标决定，色标是渐变从一种颜色到另一种颜色的转换点。可以选择【线性】或【径向】渐变类型；在【角度】参数栏中显示当前的渐变角度，重新输入数值后按 Enter 键可以改变渐变的角度；单击渐变条下方的渐变色标，在【位置】参数栏中显示出该色标的位置，拖动色标可以改变该色标的位置，如图 4-10 所示；调整渐变色标的中点（使两种色标各占 50% 的点），可以拖动位于渐变条上方的菱形图标，或选择图标并在【位置】参数栏中输入 0~100 的值，如图 4-11 所示。

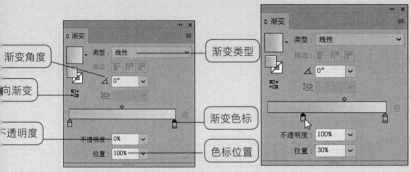

| 图 4-9 【渐变】面板 | 图 4-10 更改色标位置 | 图 4-11 调整色标之间的中心点 |

渐变角度
向渐变
透明度
渐变类型
渐变色标
色标位置

4.2.2 渐变填充的样式

在【渐变】面板中，有两种不同的渐变类型，即【线性】和【径向】。

1. 线性渐变

选取图形后，在工具箱中双击【渐变工具】▣或选择【窗口】|【渐变】命令，弹出【渐变】面板，为图形填充渐变颜色，在【类型】下拉列表中选择【线性】选项，如图 4-12 所示。可根据需要设置渐变的角度变化，应用的渐变效果如图 4-13 所示。

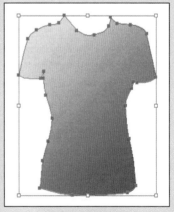

| 图 4-12 设置渐变类型 | 图 4-13 线性渐变效果 |

2. 径向渐变

径向渐变创建的是类似圆形的渐变，选中图形，在【渐变】面板的【类型】下拉列表中选择【橙色，黄色】渐变。如图 4-14 所示，该下拉列表中是软件提供的一些预设渐变，应用渐变效果如图 4-15 所示。

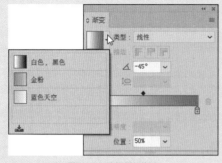

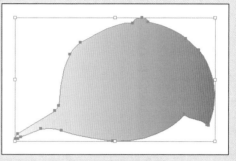

图 4-14　选择预设渐变　　　　　　　　　　图 4-15　应用渐变效果

■ 4.2.3　使用渐变库

除了【渐变】面板中提供的渐变样式外，Illustrator CC 还提供了
一些渐变库。选择【窗口】|【色板库】|【渐变】命令，弹出渐变库选项，
可以选择不同的渐变库，如图 4-16、图 4-17 所示。

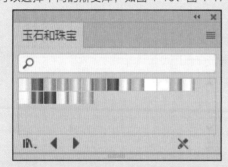

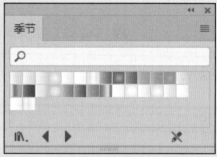

图 4-16　【玉石和珠宝】渐变库　　　　　　图 4-17　【季节】渐变库

只需要选中渐变库面板中的色块样本即可创建渐变效果，如
图 4-18、图 4-19 所示。

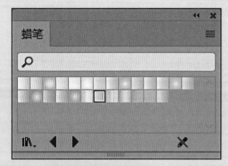

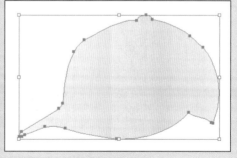

图 4-18　选择色块样本　　　　　　　　　　图 4-19　应用效果展示

4.3　图案填充

图案填充可以使绘制的图形更加生动、形象，Illustrator CC 软件【色
板】面板中提供了多种图案可供选择，选中对象后单击所需的图案样
本即可，如图 4-20、图 4-21 所示。

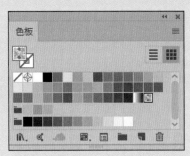

图 4-20　选择图案样本

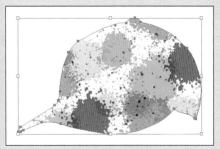

图 4-21　应用效果展示

■ 4.3.1　使用图案

除了【色板】面板中提供的图案样式外，Illustrator 还有自带的图案库。在【色板】面板左下角单击【色板库菜单】按钮 ，在弹出的菜单中选择【图案】命令，从其子菜单中可选择所需的子命令，打开对应的图案面板，如图 4-22 所示。选中图形后，直接在面板中单击图案样本即可将图案应用到图形中。

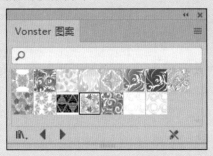

图 4-22　【Vonster 图案】面板

小试身手——制作特色填充图案

需要在某个形状中填充绘制的图案时，可在 Illustrator CC 中将基本图形定义为图案，具体操作步骤如下。

01 绘制并选中小花图形，如图 4-23、图 4-24 所示。

图 4-23　绘制图形

图 4-24　选中图形

02 选择【对象】|【图案】|【建立】命令，在弹出的提示对话框中单击【确定】按钮，如图 4-25 所示。创建自定义图案效果，单击【完成】按钮，生成自定义图案，如图 4-26 所示。

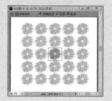

图 4-25 操作提示框   图 4-26 生成自定义图案

03 绘制圆角矩形，在【色板】面板中单击新定义的图案，如图 4-27 所示。小花的图案填充效果如图 4-28 所示。

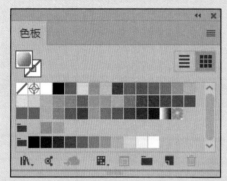

图 4-27 单击新定义的图案   图 4-28 图案填充效果

4.3.2 编辑图案

在【图案选项】面板中可调整创建的图案的拼贴类型、图形的间距、图形分布数量等。

执行【对象】|【图案】|【编辑图案】命令，在【图案选项】面板中可设置拼贴类型，如图 4-29、图 4-30 所示。

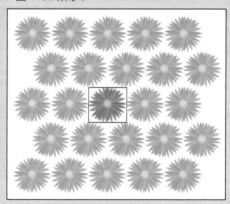

图 4-29 设置拼贴类型   图 4-30 填充效果

4.4 描边

在填充对象时，还包括对其轮廓线的填充，除了前面提到的轮廓线填充外，还可以进一步地对其进行设置。

■ 4.4.1 【描边】面板

选择【窗口】|【描边】命令，弹出【描边】面板，如图 4-31 所示。【描边】面板可以设置描边的粗细、形状等。

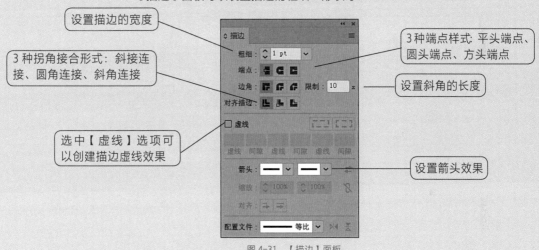

设置描边的宽度

3 种拐角接合形式：斜接连接、圆角连接、斜角连接

选中【虚线】选项可以创建描边虚线效果

3 种端点样式：平头端点、圆头端点、方头端点

设置斜角的长度

设置箭头效果

图 4-31　【描边】面板

■ 4.4.2 虚线的设置

通过【描边】面板，可以更改轮廓线的宽度、形状，以及设置为虚线轮廓等操作，如图 4-32 所示。

设置虚线效果

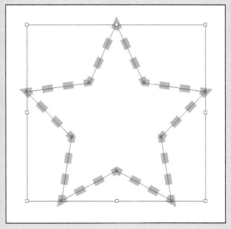

图 4-32　设置虚线描边

【虚线】选项用来设置每一段虚线段的长度，选中【虚线】选项，6 个参数栏被激活，参数栏中输入的数值越大，虚线的长度就越长。【间隙】选项用来设置虚线段之间的距离，数值越大，距离越大，可设置不同虚线间隙的描边效果。

4.4.3 编辑描边

在【描边】面板中可调整描边的大小、端点和边角的状态以及描边与路径的对齐效果。

不同的粗细效果如图 4-33、图 4-34 所示。

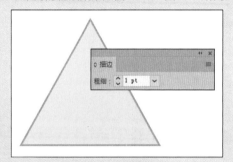 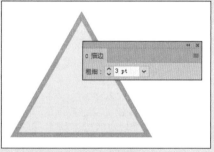

图 4-33 【描边】面板 　　　　　　　　图 4-34 改变描边粗细

4.5 使用符号

符号类似于 Illustrator CC 中的喷枪工具所产生的效果，可完整地绘制一个预设的图案，效果如图 4-35 所示。在默认状态下，【符号】面板中提供了 18 种漂亮的符号样本，用户可以在同一个文件中多次使用这些符号。

图 4-35 绘制符号预设图案

用户还可以创建出所需要的图形，并将其定义为【符号】面板中的新样本符号。当创建好一个符号样本后，用户可以在页面中对其进行一定的编辑。用户还可以对【符号】面板中预设的符号进行一些修改，当重新定义时，修改过的符号样本将替换原来的符号样本。如果不希望原符号被替换，可以将其定义为新符号样本，以增加【符号】面板中的符号样本的数量。

■ 4.5.1 【符号】控制面板

当用户需要对【符号】面板进行一些编辑时，如更改其显示方式、复制样本等操作时，可通过面板菜单中的命令来完成，单击面板右上角的按钮，就会弹出该面板的菜单，如图 4-36 所示。

图 4-36 【符号】面板

利用面板菜单可以设置各符号样本的显示方式，以及重新定义、复制符号等。其中执行【新建符号】、【删除符号】、【放置符号实例】、【断开符号链接】、【符号选项】和【打开符号库】命令，与该面板底部各对应的命令按钮的功能是相同的。

■ 4.5.2 创建和应用符号

将绘制好的图形拖入【符号】面板或单击【符号】面板中的【新建符号】按钮 ■ 都可以创建符号，使用符号工具组的工具在画板中绘制即可应用符号。

1. 创建符号

创建符号主要有以下 3 种方法。

（1）在页面中选择需要定义为符号的对象，再单击面板右上角的按钮，在弹出菜单中选择【新建符号】命令。

（2）在页面中选择需要定义为符号的对象，再单击面板下方的【新建符号】按钮 ■

（3）在页面中选择需要定义为符号的对象，直接拖动到【符号】

面板中，在弹出的【符号选项】对话框中可定义名称，单击【确定】
按钮后，关闭对话框，图形添加进【符号】面板中，如图4-37所示。

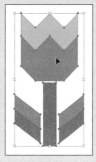
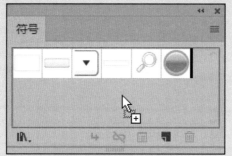

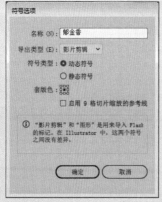
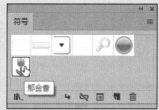

图4-37 创建符号

2.应用符号

  要将【符号】面板中的图形应用于页面中，主要有以下4种方法。

  （1）在【符号】面板中选择需要的符号图形，再单击面板下方的
【置入符号实例】按钮 ↳ 。

  （2）直接将选择的符号图形拖动到页面中。

  （3）在【符号】面板中选择需要的符号图形，再单击面板右上角
的按钮，在弹出菜单中选择【放置符号实例】命令。

  （4）在【符号】面板中选择需要的符号图形，选择【符号喷枪工
具】，在页面中单击或拖动鼠标可以同时创建多个符号范例，并且
可以将多个符号范例作为一个符号集合，如图4-38、图4-39所示。

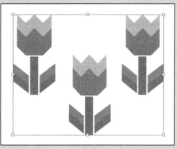
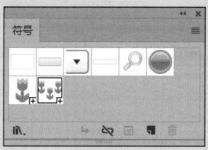

图4-38 选中符号图形　　　　图4-39 多个图形创建一个符号

提示一下

  选取拖动到页面中的
符号，然后选择【对象】|
【扩展】命令，将选择的
符号分割为若干个图形
对象。扩展可用来将单
一对象分割为若干个对
象，这些对象共同组成其
外观。

■ 4.5.3   使用符号工具

使用工具箱中的符号工具组可以在页面中喷绘出多个无序排列的符号，并可对其进行编辑。Illustrator CC 工具箱中的符号工具组提供了 8 个符号工具，展开的符号工具组如图 4-40 所示。

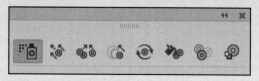

图 4-40   符号工具组面板

- 【符号喷枪工具】💠：可以在页面中喷绘【符号】面板中选择的符号图形。
- 【符号移位器工具】💠：可以在页面中移动应用的符号图形。
- 【符号紧缩器工具】💠：可以将页面中的符号图形向光标所在的点聚集，按住 Alt 键可使符号图形远离光标所在的位置。
- 【符号缩放器工具】💠：可以调整页面中符号图形的大小，直接在选择的符号图形上单击，可放大图形；按住 Alt 键在选择的符号图形上单击，可缩小图形。
- 【符号旋转器工具】💠：可以旋转页面中的符号图形。
- 【符号着色器工具】💠：可以用当前颜色修改页面中符号图形的颜色。
- 【符号滤色器工具】💠：可以降低符号图形的透明度，按住 Alt 键可以增加符号图形的透明度。
- 【符号样式器工具】💠：可以将符号图形应用【图形样式】面板中选择的样式，按住 Alt 键，可取消符号图形应用的样式。

双击任意一个符号工具将弹出【符号工具选项】对话框，可以设置符号工具的属性，如图 4-41 所示。

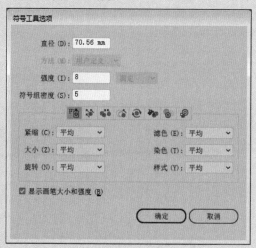

图 4-41   【符号工具选项】对话框

以下是对话框中各选项的介绍。

- 直径：设置画笔的直径，是指选取符号工具后光标的形状大小。
- 强度：设置拖动鼠标时符号图形随鼠标变化的速度，数值越大，被操作的符号图形变化得越快。
- 符号组密度：设置符号集合中包含符号图形的密度，数值越大，符号集合包含的符号图形数目越多。
- 显示画笔大小和强度：选中该选项，在使用符号工具时可以看到画笔，不选中此选项则隐藏画笔。

4.6 实时上色

实时上色工具只为"实时上色"组着色。选择组成想要着色的图稿的路径集合，然后用实时上色工具单击以建立"实时上色"，应用【实时上色工具】填充颜色效果如图 4-42、图 4-43、图 4-44 所示。

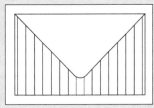
图 4-42 需要着色的图稿

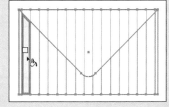
图 4-43 应用工具

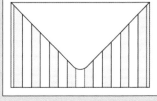
图 4-44 上色效果

4.7 课堂练习——制作逼真高光气泡

绘制正圆，通过为图形添加渐变效果，以及运用高斯模糊效果，创建出透明的气泡。

01 在 Illustrator CC 中新建文档，如图 4-45 所示。使用【矩形工具】□创建与画板大小相同的矩形，如图 4-46 所示。

图 4-45 新建文档

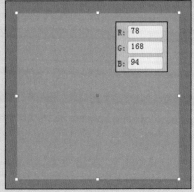
图 4-46 绘制矩形

02 使用【椭圆工具】◯配合 Shift 键绘制正圆,如图 4-47 所示。在【渐变】面板中调整渐变填充效果,如图 4-48 所示。

图 4-47 绘制正圆

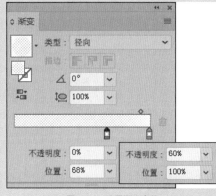

图 4-48 设置渐变参数

03 执行【效果】|【模糊】|【高斯模糊】命令,创建模糊效果,如图 4-49、图 4-50 所示。

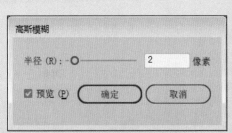

图 4-49 设置模糊半径

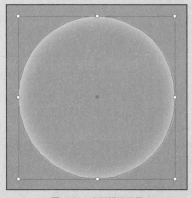

图 4-50 高斯模糊效果

04 复制上一步创建的图形,调整渐变填充效果,如图 4-51 所示。使用【渐变工具】▭调整渐变中心点的位置,如图 4-52 所示。

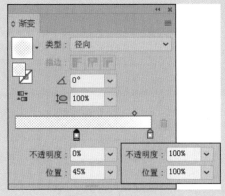

图 4-51 调整渐变参数

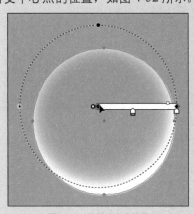

图 4-52 调整中心点位置

05 绘制并调整正圆图形，如图 4-53 所示。执行【效果】|【模糊】|【高斯模糊】命令，创建模糊效果，设置高斯模糊【半径】为 20 像素，如图 4-54 所示。

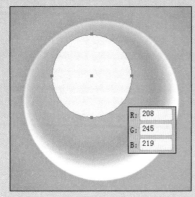

图 4-53 绘制正圆

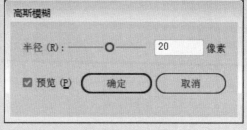

图 4-54 设置高斯模糊

06 在【透明度】面板中设置【不透明度】值为 35%，调整图形透明度，如图 4-55、图 4-56 所示。

图 4-55 调整不透明度

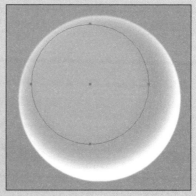

图 4-56 调整效果

07 使用【椭圆工具】○绘制正圆图形并设置高斯模糊效果，如图 4-57、图 4-58 所示。

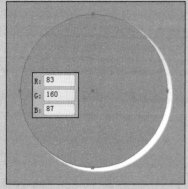

图 4-57 绘制绿色正圆

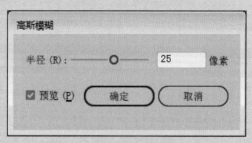

图 4-58 设置高斯模糊

08 调整上一步创建图层的顺序,如图 4-59 所示。在该图形的下方创建椭圆,如图 4-60 所示。

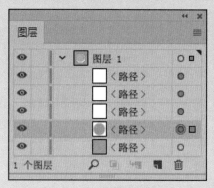

图 4-59 调整图层顺序

图 4-60 创建椭圆

09 添加高斯模糊效果,如图 4-61、图 4-62 所示。

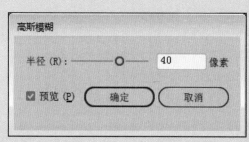

图 4-61 设置高斯模糊

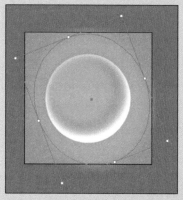

图 4-62 高斯模糊效果

10 使用【椭圆工具】 ○ 绘制正圆图形并设置高斯模糊效果,如图 4-63、图 4-64 所示。

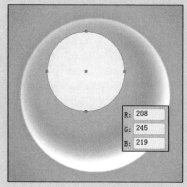

图 4-63 绘制正圆

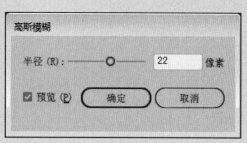

图 4-64 设置高斯模糊

11 在【透明度】面板中设置【不透明度】值为 50%,调整图形透明度,如图 4-65、图 4-66 所示。

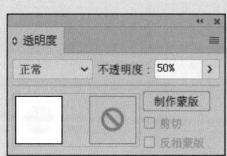

图 4-65 设置不透明度

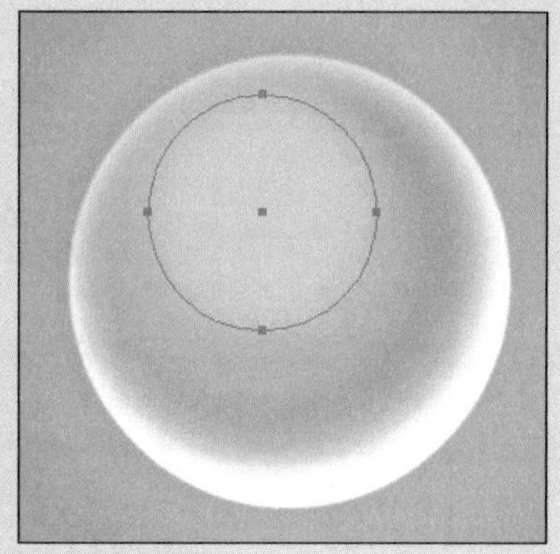

图 4-66 调整效果

12 绘制两个相交的正圆并修剪，如图 4-67、图 4-68 所示。

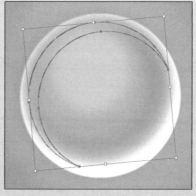

图 4-67 绘制两个正圆

图 4-68 修剪正圆

13 在【渐变】面板中设置渐变样式，如图 4-69 所示。创建渐变并填充，效果如图 4-70 所示。

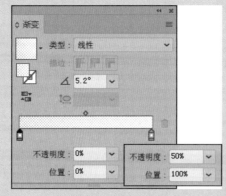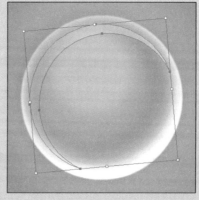

图 4-69 设置渐变样式

图 4-70 渐变效果

14 使用同样方法绘制并修剪正圆，创建新的不规则图形，如图 4-71、图 4-72 所示。

图 4-71　绘制两个正圆

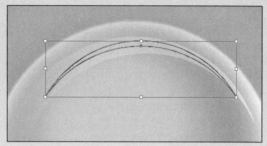

图 4-72　创建不规则图形

15 在【渐变】面板中为创建的图形设置渐变样式并填充，效果如图 4-73、图 4-74 所示。

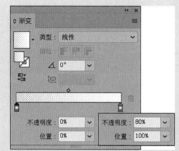

图 4-73　设置渐变参数

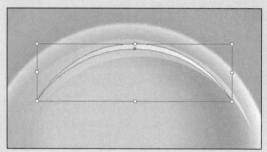

图 4-74　应用渐变效果

16 使用【椭圆工具】在气泡上方绘制一个正圆，如图 4-75 所示。使用【变形工具】涂抹图形，如图 4-76 所示。

图 4-75　绘制高光正圆

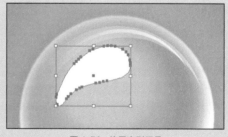

图 4-76　使用变形工具

17 创建高斯模糊效果，如图 4-77、图 4-78 所示。

图 4-77　设置高斯模糊

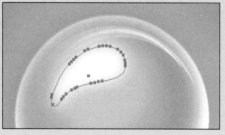

图 4-78　高斯模糊效果

18 配合 Alt 键复制图形，如图 4-79 所示。执行【对象】|【变换】|
【对称】命令，分别垂直和水平镜像图形，如图 4-80 所示。

图 4-79　复制图形　　　　　　　　　　图 4-80　镜像图形

19 在【外观】面板中单击【高斯模糊】，设置高斯模糊【半径】
为 9 像素，配合 Shift 键等比例缩小并调整图形的位置，如图 4-81
所示。

20 继续绘制并修剪椭圆，如图 4-82 所示。

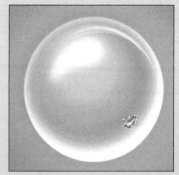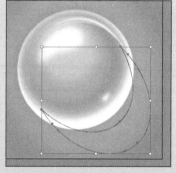

图 4-81　调整位置　　　　　图 4-82　继续创建图形

21 为修剪后得到的图形添加填充色，如图 4-83 所示。设置高
斯模糊效果，高斯模糊【半径】为 40 像素。

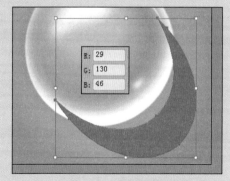

图 4-83　设置填充颜色

22 绘制椭圆并添加高斯模糊效果，高斯模糊【半径】为 25 像素，
如图 4-84 所示。

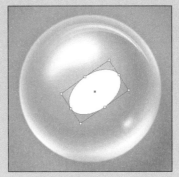

图 4-84　绘制椭圆

23 执行【效果】|【变形】|【弧形】命令，调整椭圆形状，如图4-85、图 4-86 所示。

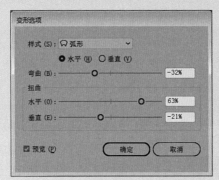

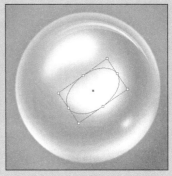

图 4-85　设置变形参数

图 4-86　调整形状

24 调整图形透明度，完成本实例的制作，如图 4-87、图 4-88 所示。

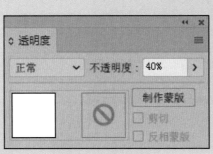

图 4-87　设置不透明度

图 4-88　最终效果

强化训练

项目名称 绘制立体感按钮

项目需求

受某企业委托制作手机 APP 界面，其中涉及需要制作立体感按钮，要求立体感按钮要与整个网站界面风格一致，简洁大方，能吸引网页浏览者。

项目分析

绘制立体感按钮黑白灰三种颜色，给人以简洁大方的感觉。利用渐变的添加及外发光效果的应用使物体变得立体，具有发光的效果，让图形变得更加醒目，能让网页浏览者很快地发现并点击按钮。

项目效果

项目效果如图 4-89 所示。

图 4-89 立体感按钮

操作提示

01 绘制并复制圆角矩形，添加内发光和外发光效果。

02 继续绘制圆角矩形作为滑动按钮，为其添加渐变填充和内发光以及投影效果。

03 添加文字并添加渐变和投影效果。

CHAPTER 05

文本的编辑

本章概述 SUMMARY

Illustrator 拥有非常强大的文本处理功能，可以针对大量的段落文本以及图文混排进行编辑处理。本章对如何创建和编辑文本进行讲述。

■ 学习目标

√ 熟悉文本工具的使用。

√ 了解路径文字工具的使用。

√ 掌握文本的编辑与设置。

√ 熟练应用链接文本块。

◎合成制作过程

◎组合文字设计效果

5.1 创建文本

使用 Illustrator CC 工具箱中所提供的文本工具，可以创建文本。在其展开式工具栏中提供了 7 种文字工具，应用这些不同的工具，可以在工作区域上任意位置创建横排或竖排的点文本、段落文本，或者是区域文本。区域文本是在一个开放或闭合的路径内输入文本，该对象可以是用工具箱中的绘制工具所创建的图形，也可以是使用其他工具创建的不规则的路径，还可创建路径文本，即让文本沿着一个开放的路径进行排列。

■ 5.1.1 文本工具概述

当开始创建文本时，可将鼠标指针指向工具箱中的【文本工具】按钮 **T**，按下左键并停留片刻，这时就会出现其展开式工具栏，单击最后的三角按钮，就可以使文本的展开式工具栏从工具箱中分离出来，如图 5-1、图 5-2 所示。

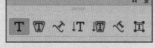

图 5-1　文本工具组　　　　图 5-2　文本工具组面板

展开的文本工具组共有 7 个文字工具，分别是文字工具 **T**、区域文字工具 **T**、路径文字工具 **↙**、直排文字工具 **IT**、直排区域文字工具 **IT**、直排路径文字工具 **↙**、修饰文字工具 **T**。既可以创建水平的，即横排的文本；也可以创建垂直的，即竖排的文本。下面对这些文本工具进行介绍。

- 文字工具 **T**：可以在页面上创建独立于其他对象的横排的文本对象。
- 区域文字工具 **T**：可以将开放或闭合的路径作为文本容器，并在其中创建横排的文本。
- 路径文字工具 **↙**：可以让文字沿着路径横向进行排列。
- 直排文字工具 **IT**：可以创建竖排的文本对象。
- 直排区域文字工具 **IT**：可以在开放或者闭合的路径中创建竖排的文本。

● 直排路径文字工具 ⬫：它和路径文字工具相似，即可以让文本沿着路径进行竖向的排列。

选择【文字工具】T 或【直排文字工具】IT，可以直接输入沿水平方向和垂直方向排列的文本。

1. 创建点文本

当需要输入少量文字时，可使用【文字工具】T 或【直排文字工具】IT 在绘图页面中单击，出现插入文本光标，此时就可以输入文本。输入的文字独立成行，不会自动换行，当需要换行时，按 Enter 键开始新的一行，如图 5-3 所示。

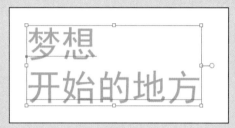

图 5-3　输入文本

2. 输入段落文本

如果有大段的文字输入，可使用【文字工具】T 或【直排文字工具】IT 在页面中单击并拖动鼠标，此时将出现一个文本框，拖动文本框到适当大小后释放鼠标左键，创建文本框，此时即可输入文字，创建出段落文本，如图 5-4、图 5-5 所示。

图 5-4　绘制文本框 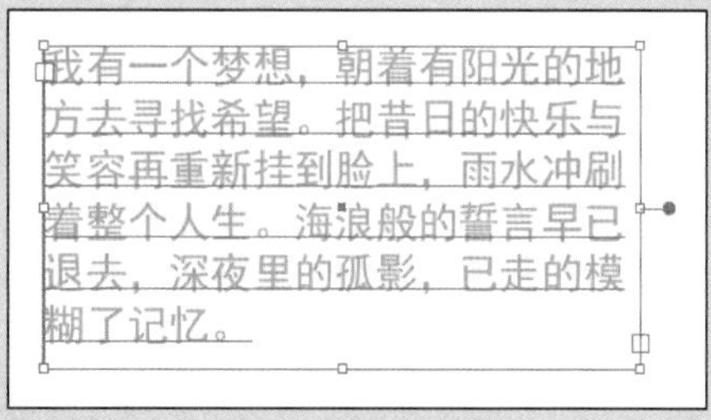　　　　　　　　　　　图 5-5　输入段落文本

在文字的输入过程中，输入的文字到达文本框边界时会自动换行，框内的文字会根据文本框的大小自动调整。如果文本框无法容纳所有的文本，文本框会显示"+"标记，如图 5-6 所示。

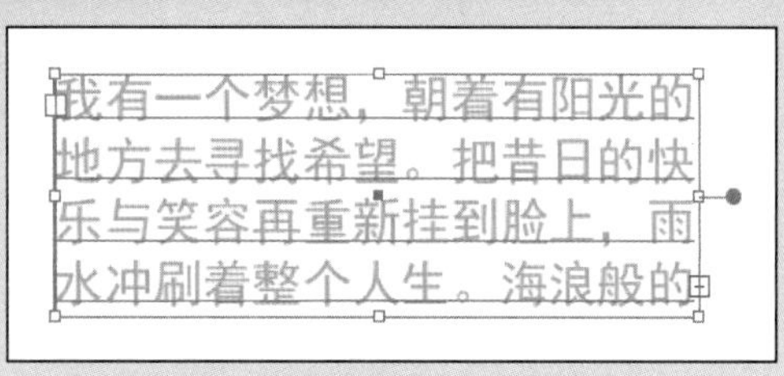

图 5-6　无法容纳所有文本的效果展示

■ 5.1.2 区域文字工具的使用

选取一个图形对象，如方形、圆形或是不规则的图形，选择【文字工具】T或【区域文字工具】⬛，将光标移动到图形内部路径的边缘上并单击，此时路径图形中将出现闪动的光标，如果图形带有描边色和填充色，其属性将变为无色，图形对象转换为文本路径，此时可输入文本，如图 5-7、图 5-8、图 5-9 所示。

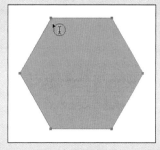

图 5-7 选取图形对象

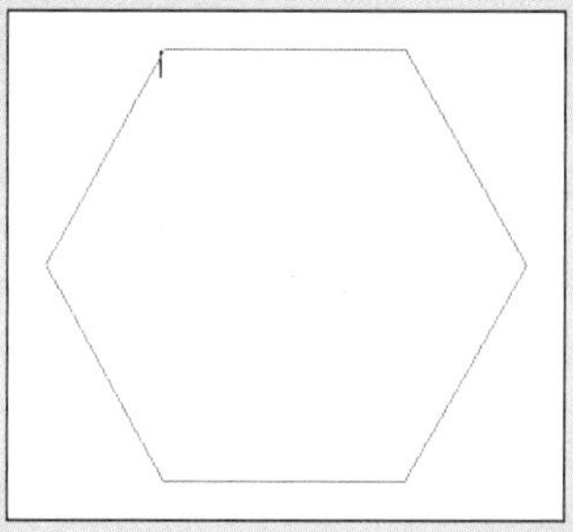

图 5-8 转换文本路径

我有一个梦想，朝着有阳光的地方去寻找希望。把昔日的快乐与笑容再重新挂到脸上，雨水冲刷着整个人

图 5-9 输入文本

如果输入的文字超出了文本路径所能容纳的范围，将出现文本溢出的现象，会显示"+"标记。使用【选择工具】▶和【直接选择工具】▷选中文本路径，调整文本路径周围的控制点来调整文本路径的大小，可以显示所有文字。使用【直排文字工具】T或【直排区域文字工具】⬛与使用【区域文字工具】⬛的方法相同，在文本路径中可以创建竖排的文字，如图 5-10 所示。

图 5-10 创建竖排文本

■ 5.1.3 路径文字工具的使用

使用【路径文字工具】和【直排路径文字工具】可以在页面中输入沿开放或闭合路径边缘排列的文字，在使用这两种工具时，必须在当前页面中先选择一个路径，然后再进行文字的输入。

使用【钢笔工具】，在页面中绘制一个路径，选择【路径文字工具】，将光标放置在曲线路径的边缘处并单击，将出现闪动的光标，此时路径转换为文本路径，原来的路径将不再具有描边或填充的属性。

此时即可输入文字，输入的文字将按照路径排列，文字的基线与路径是平行的，如图 5-11 所示。

如果输入的文字超出了文本路径所能容纳的范围，将出现文本溢出的现象，会显示"+"标记。如果对创建的路径文本不满意，可以对其进行编辑，使用【选择工具】▶或【直接选择工具】▷，选取要编辑的路径文本，文本中会出现"|"形符号。拖动文字开始处的"|"形符号，可沿路径移动文本，效果如图 5-12 所示。拖动路径中间的"|"，可翻转文本在路径上的方向。拖动文字结尾处的"|"形符号可隐藏或显示路径文本。

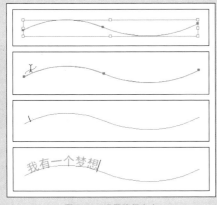

图 5-11　设置路径文本　　　　　　　　图 5-12　编辑路径文本

使用【直排路径文字工具】与使用【路径文字工具】的方法相同，只是文本在路径上是直排的，如图 5-13 所示。

图 5-13　输入直排路径文本

5.2　设置与编辑文本

创建完文本后，可使用【选择工具】▶等工具对文本大小、旋转方向等内容进行编辑。

■ 5.2.1　编辑文本

在编辑文本之前，首先要做的就是选择要编辑的文本内容。选择【文字工具】Ｔ，移动光标到文本上，单击插入光标，如图 5-14 所示。按住鼠标左键拖动，即可选中部分文本。选中的文本将反白显示，如图 5-15 所示。

图 5-14　插入光标　　　　　　　　　　　图 5-15　选中文本

使用【选择工具】▶在文本区域内双击，进入文本编辑状态，如图 5-16 所示。双击可以选中文字，如图 5-17 所示。

如果此时按 Ctrl+A 组合键，可全选文字，如图 5-18 所示。

图 5-16　双击文本

图 5-17　选中文本

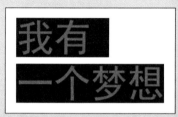

图 5-18　全选文本

■ 5.2.2　【字符】面板的设置

使用【字符】面板设置文字格式，具体操作步骤如下。

01 使用【文字工具】 T 选中所要设置字符格式的文字。

02 选择【窗口】|【文字】|【字符】命令，或按 Ctrl+T 组合键，弹出【字符】面板，如图 5-19 所示。

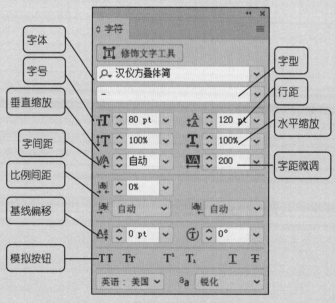

图 5-19　【字符】面板

■ 5.2.3 【段落】面板的设置

段落是位于一个段落回车符前的所有相邻的文本。段落格式是指为段落在页面上定义的外观格式，包括对齐方式、段落缩进、段落间距、制表符的位置等。我们可以对所选择的段落应用段落格式，或者改变具有某个特定段落样式的所有段落的格式。

先用【文字工具】选取所要设定段落格式的段落。选择【窗口】|【文字】|【段落】命令，或按 Ctrl+Alt+T 组合键，弹出【段落】面板，如图 5-20 所示。可以设置段落的对齐方式、左右缩进、段间距和连字符等。

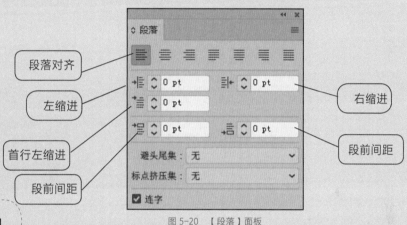

段落对齐
左缩进
右缩进
首行左缩进
段前间距
段前间距

图 5-20 【段落】面板

1. 段落缩进

段落缩进是指从文本对象的左、右边缘向内移动文本。其中【首行左缩进】只应用于段落的首行，并且是相对于左侧缩进进行定位的。在【左缩进】和【右缩进】参数栏中，可以通过输入数值来分别设定段落的左、右边界向内缩排的距离。输入正值时，表示文本框和文本之间的距离拉大；输入负值时，表示文本框和文本之间的距离缩小，段落缩进效果如图 5-21、图 5-22 所示。

有人说，何首乌根是有象人形的，吃了便可以成仙，我于是常常拔它起来，牵连不断地拔起来，也曾因此弄坏了泥墙，却从来没有见过一块根象人样。

如果不怕刺还可以摘到覆盆子，象小珊瑚珠攒成的小球，又酸又甜，色味都比桑椹要好得远。

图 5-21 段落缩进前

有人说，何首乌根是有象人形的，吃了便可以成仙，我于是常常拔它起来，牵连不断地拔起来，也曾因此弄坏了泥墙，却从来没有见过一块根象人样。

如果不怕刺还可以摘到覆盆子，象小珊瑚珠攒成的小球，又酸又甜，色味都比桑椹要好得远。

图 5-22 段落缩进后

2. 段落间距

为了阅读方便，经常需要将段落之间的距离设得大一些，以便于更加清楚地区分段落。在【段前间距】和【段后间距】参数栏中，

可以通过输入数值来设定所选段落与前一段或后一段之间的距离，段
落间距效果如图 5-23、图 5-24 所示。

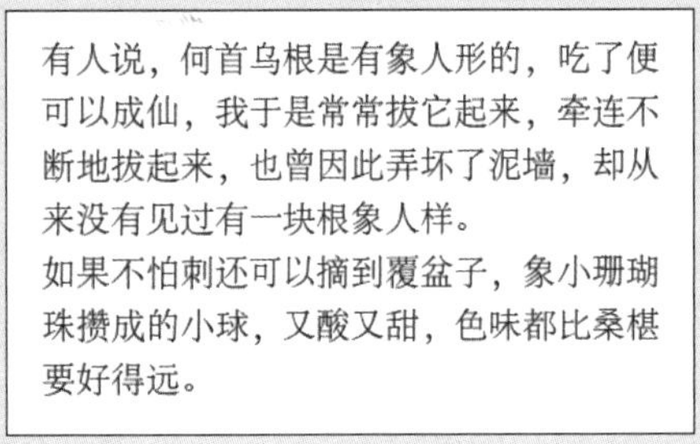

有人说，何首乌根是有象人形的，吃了便
可以成仙，我于是常常拔它起来，牵连不
断地拔起来，也曾因此弄坏了泥墙，却从
来没有见过有一块根象人样。
如果不怕刺还可以摘到覆盆子，象小珊瑚
珠攒成的小球，又酸又甜，色味都比桑椹
要好得远。

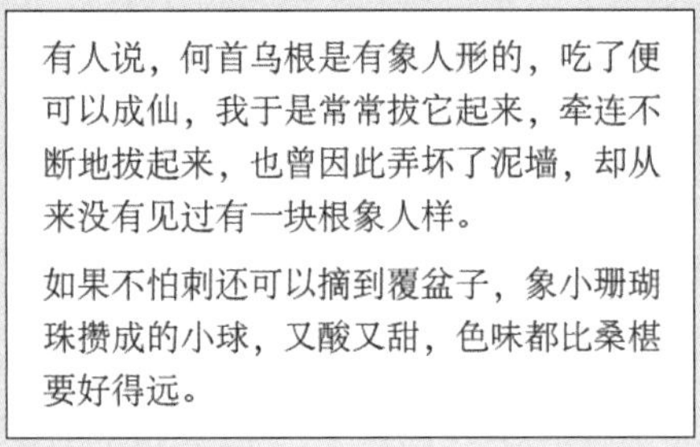

有人说，何首乌根是有象人形的，吃了便
可以成仙，我于是常常拔它起来，牵连不
断地拔起来，也曾因此弄坏了泥墙，却从
来没有见过有一块根象人样。

如果不怕刺还可以摘到覆盆子，象小珊瑚
珠攒成的小球，又酸又甜，色味都比桑椹
要好得远。

图 5-23　设置段落间距前　　　　　　　　　　图 5-24　设置段落间距后

3. 文本对齐

Illustrator CC 对齐方式包含左对齐▤，居中对齐▤，右对齐▤，
两端对齐，末行左对齐▤，两端对齐、末行居中对齐▤，两端对齐、
末行右对齐▤，全部两端对齐▤，段落对齐方式效果如图 5-25 所示。

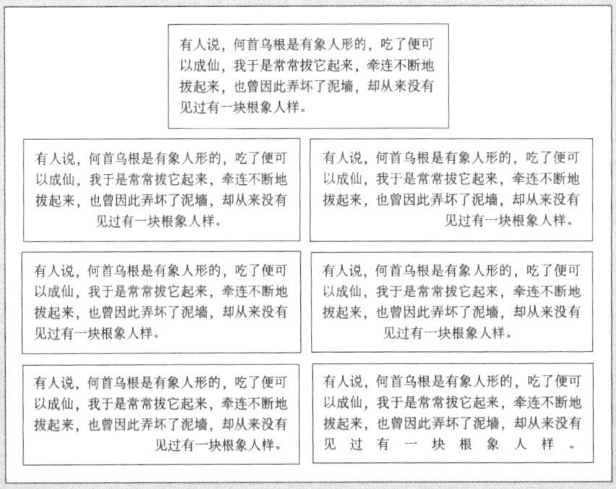

图 5-25　段落对齐方式对比效果

5.3　分栏和链接文本

如果需要创建大量文本，可以使用分栏和文本链接功能来进行管
理，这样既利于编辑和管理，又便于读者的查看。

■ 5.3.1　创建文本分栏

所谓分栏，就是将含有大段文本的一个文本框分成若干个小文
本框，目的就是便于阅读和编排。选中文本框，执行【文字】|【区
域文字选项】命令，打开【区域文字选项】对话框，如图 5-26、
图 5-27 所示。

操作技巧

实际段落间的距离
是前段的段后距离加上
后段的段前距离。

操作技巧

选择【文字】|【显
示隐藏字符】命令，或
按 Ctrl+Alt+I 组合键，
可以显示出文本的标记，
包括硬回车、软回车、
制表符等。中文的文章
通常会避免让逗号、右
引号等标点出现在行首，
在【段落】面板中【避
头尾集】下拉列表中选
择【避头尾设置】，弹
出一个对话框，详细设
置各选项，即可应用避
头尾功能。

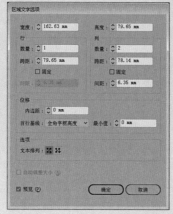

图 5-26 【区域文字选项】对话框

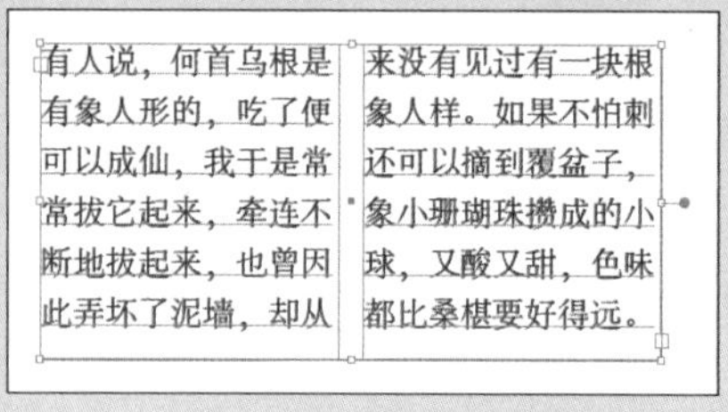

图 5-27 设置区域文字效果

在【行】选项组【数量】参数栏中输入行数，所有的行自定义为相同的高度。建立文本分栏后可以改变各行的高度，【跨距】参数栏用于设置行的高度。

在【列】选项组【数量】参数栏中输入列数，所有的栏自定义为相同的宽度。建立文本分栏后可以改变各列的宽度，【跨距】参数栏用于设置栏的宽度。

单击【文本排列】选项后的图标按钮，选择一种文本流在链接时的排列方式，每个图标上的方向箭头指明了文本流的方向。

> **操作技巧**
>
> 也可以直接单击文本框中的“+”标记，移动光标到文本框以外的空白区域，当光标变为状态后，在页面中单击或拖动鼠标绘制一个文本框，也可直接创建出链接文本。

5.3.2 链接文本块

在创建大量文本时，可以将文本框中多余的文本链接到另一个文本框中，并且可以创建多个文本框的链接。

首先利用【选择工具】将路径图形或是空白文本框，与有文本隐藏的文本块同时选中，如图 5-28 所示。

执行【文字】|【串接文本】|【创建】命令，将文本框中多余的文本移动到闭合路径或是一个空的文本框中，如图 5-29 所示。

图 5-28 选中路径图形和文本

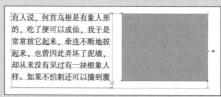

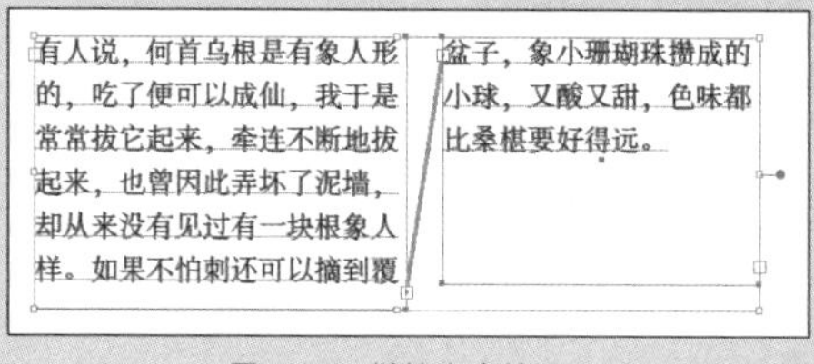

图 5-29 链接文本效果

使用【文字】|【串接文本】|【释放所选文字】命令，可以解除各文本框之间的链接状态，解除后各文本框之间不再有关联。

5.4 图文混排

使用 Illustrator CC 中的图文混排功能，可以实现文本围绕着图形对象的轮廓线进行排列的效果。这里提到的文本，必须是文本框中的大段文本或区域文本，而不能是点文本或路径文本。在文本中插入的图形除用画笔工具创建的对象以外，可以是任意形状的图形，如自由形状的路径或混合对象，甚至可以是置入的位图。

在进行图文混排时，必须使图形在文本的前面，如果是在创建图形后才键入文本，可执行【排列】|【前移一层】命令或【排列】|【置于顶层】命令将图形对象放置在文本前面。

使用【选择工具】同时选中文本和图形对象，如图 5-30 所示。执行【对象】|【文本绕排】|【建立】命令，弹出提示对话框，单击【确定】按钮，关闭对话框，应用文本绕排效果，创建出图文混排，如图 5-31 所示。

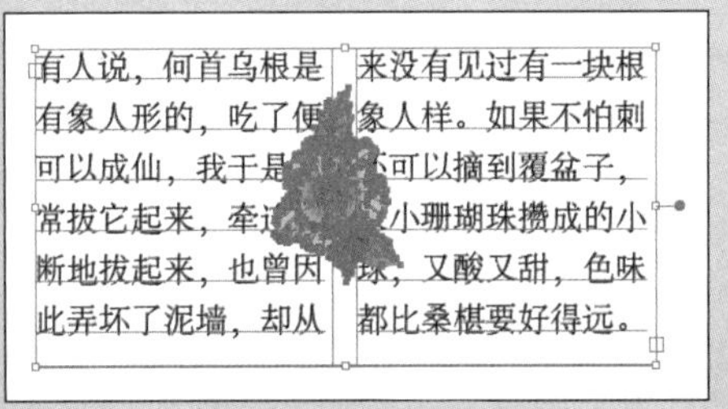

图 5-30　选中文本和图形

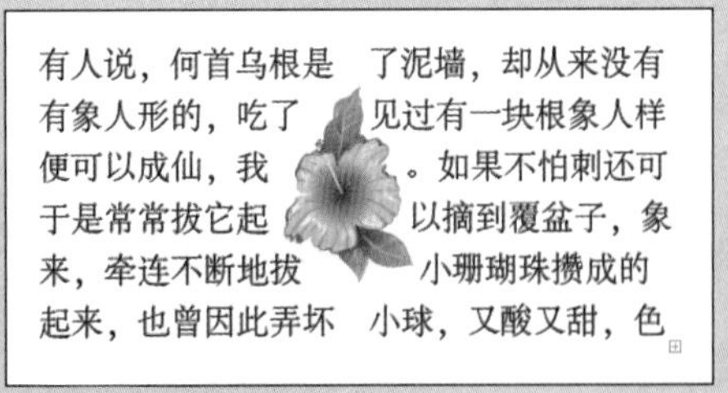

图 5-31　创建图文混排

5.5 课堂练习——组合文字设计

创建多行文字，通过在【字符】面板中调整文字的大小、行距、字间距、字符偏移等参数，使文字排列突出主题，更加美观。此时的文字不仅需要表达字面意义，还应该具备一个图形化的美感。

01 启动 Illustrator CC，执行【文件】|【新建】命令，在弹出

的【新建文档】对话框中进行设置，然后单击【确定】按钮，新建文档，如图 5-32 所示。添加"柠檬.jpg"素材背景，如图 5-33 所示。

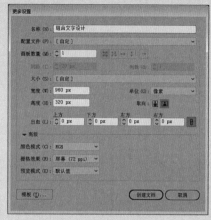

图 5-32　新建文档

图 5-33　添加素材

02 在属性栏中设置图像的宽高比例，然后调整图像的高度与画板相同，单击属性栏中的【水平居中对齐】按钮 ♣ 和【垂直居中对齐】按钮 ♣ 使图像与画板中心对齐，如图 5-34 所示。

图 5-34　对齐画板

03 添加"鱼.tif"素材图像，如图 5-35 所示。执行【对象】|【变换】|【对称】命令，镜像图像参数设置如图 5-36 所示。

04 旋转图像，如图 5-37 所示。执行【效果】|【风格化】|【投影】命令，设置投影参数，如图 5-38 所示。

图 5-35　添加素材

图 5-36　设置镜像参数

图 5-37　旋转图像

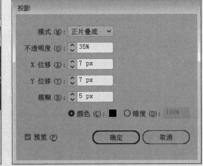

图 5-38　设置投影参数

05 使用【矩形工具】■，创建与画板大小相同的矩形，使用前面介绍的方法设置矩形与画板中心对齐，如图 5-39 所示。

06 使用 Ctrl+A 组合键选中页面中的所有图形，执行【对象】|【剪切蒙版】|【建立】命令，隐藏矩形区域以外的图像，如图 5-40 所示。

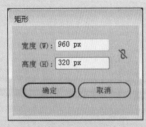

图 5-39　绘制矩形

图 5-40　创建剪切蒙版

07 继续绘制矩形，如图 5-41 所示。

图 5-41　绘制矩形

08 使用【文字工具】 $\boxed{\text{T}}$ 添加文字信息，如图 5-42 所示。

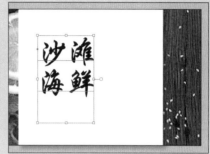

图 5-42　添加文本

09 使用同样方法调整其他文字的字体字号，如图 5-43 所示。

图 5-43　调整字体字号

10　添加"木纹 .jpg"素材图像，如图 5-44 所示。同时选中木纹和文字，执行【对象】|【剪切蒙版】|【建立】命令，创建剪切蒙版，如图 5-45 所示。

图 5-44　添加素材　　　　　　　　图 5-45　创建剪切蒙版

11　单击【符号】面板底部的【符号库菜单】按钮 ，如图 5-46 所示。在弹出的菜单中选择【污点矢量包】命令，在弹出的面板中拖动符号至画板，如图 5-47 所示。

12　单击鼠标右键断开符号链接，如图 5-48 所示。调整图层顺序，如图 5-49 所示。

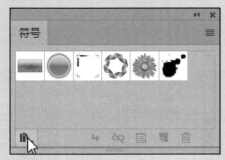

图 5-46 【符号】面板

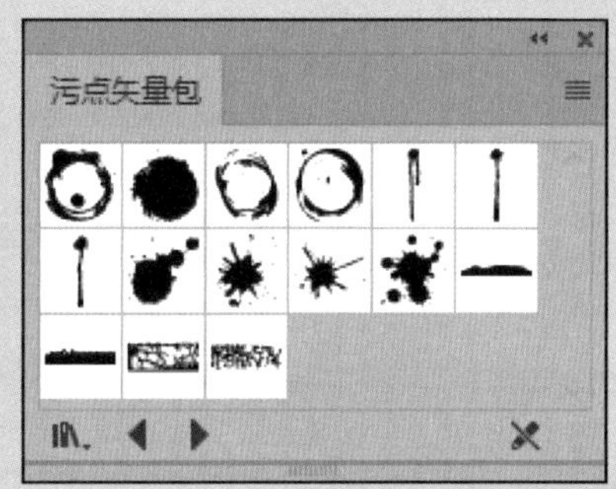

图 5-47 【污点矢量包】面板

图 5-48 断开符号链接

图 5-49 调整图层顺序

13 删除多余图层,如图 5-50 所示。继续添加木纹图像,如图 5-51 所示。

图 5-50 删除多余图层

图 5-51 添加素材

14 使用前面介绍的方法,创建污点的剪切蒙版,如图 5-52 所示。继续添加文字信息,如图 5-53 所示。

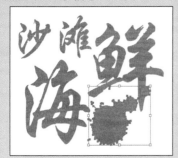

图 5-52 创建污点的剪切蒙版

图 5-53 添加文本

15 继续添加文字，如图 5-54 所示。绘制矩形，如图 5-55 所示。

图 5-54　添加文本

图 5-55　绘制矩形

16 调整矩形透明度，完成实例的制作，如图 5-56 所示。

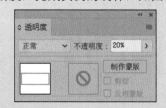

图 5-56　调整矩形透明度

强化训练

项目名称　制作网页广告

项目需求

受某企业委托制作一张网页广告，要求简洁大方，图像与文字和谐，能给人留下美好印象，从而起到宣传的效果。

项目分析

在制作户外广告时，要调整文字，为文字添加蒙版，使其与背景中的人物图像能巧妙结合，带给受众浑然一体的视觉震撼。部分文字采用画面上的色调，使整个画面色调统一协调。

项目效果

项目效果如图 5-57 所示。

图 5-57　网页广告制作效果

操作提示

01 加英文标题，为文字添加剪切蒙版隐藏部分文字。

02 继续添加文字并绘制矩形，在【字符】面板中调整字体样式。

03 最后修剪矩形，完成实例的制作。

CHAPTER 06

图表的制作

本章概述 SUMMARY

在对各种数据进行统计和比较时，为了获得更加精确、直观的效果，可以用图表的方式来表述。Illustrator CC 提供了多种图表类型和强大的图表功能。

■ 学习目标

　√ 学会创建图表。

　√ 学会设置图表。

　√ 熟练应用自定义图表。

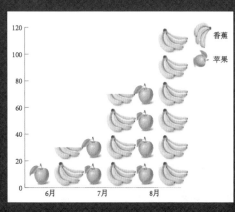

◎图案图表设计

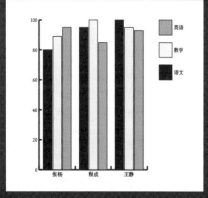

◎柱形图表效果

6.1 创建图表

Illustrator CC 提供了创建多种图表类型的工具和强大的图表编辑功能，利用工具箱中的图表工具组即可创建图表。

■ 6.1.1 图表工具

在工具箱中展开图表工具组，如图 6-1 所示。其中共有 9 个图表工具，分别是柱形图工具 、堆积柱形图工具 、条形图工具 、堆积条形图工具 、折线图工具 、面积图工具 、散点图工具 、饼图工具 、雷达图工具 。

图 6-1 图表工具组面板

■ 6.1.2 柱形图

柱形图是最常用的图表表示方法，柱的高度与数据大小成正比。

小试身手——根据数据制作图表

下面具体介绍如何根据表格中具体的数据制作图表。

01 选择【柱形图工具】 ，在页面上任意位置单击，弹出的【图表】对话框如图 6-2 所示。在【宽度】和【高度】参数栏中输入数值，可设置图表的宽度和高度，单击【确定】按钮，将自动在页面中建立图表，同时弹出图表数据输入框，如图 6-3 所示。

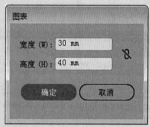
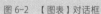

图 6-2 【图表】对话框

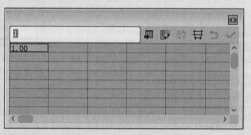

图 6-3 图表数据输入框

02 在数据输入框中选中一个单元格，可以在左上方的参数栏中输入各种文本或数值，然后按 Enter 键或 Tab 键确认，将文本或数值添加到选中的单元格中，如图 6-4 所示。

> **操作技巧**
>
> 在页面中按住鼠标左键，拖动出一个矩形框，也可以在页面中建立图表，同时弹出图表数据输入框。

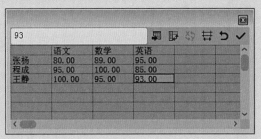

图 6-4　输入文本和数据

03 完成文本和数据的录入后，单击【应用】按钮 ✓，显示图表效果，如图 6-5 所示。

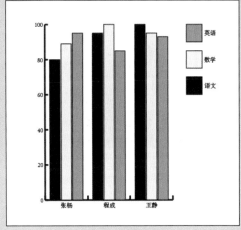

图 6-5　图表效果

图表数据输入框中的图标按钮介绍如下。

- 【导入数据】按钮 ▦：可以从外部文件中输入数据信息。
- 【换位行/列】按钮 ▦：可将横排和竖排的数据相互交换位置，录入数据后单击该按钮，再单击【应用】按钮 ✓ 应用交换效果。
- 【切换 X/Y】按钮 ↻：将调换 X 轴和 Y 轴的位置。
- 【恢复】按钮 ↺：可以在没有单击【应用】按钮 ✓ 以前使文本框中的数据恢复到前一个状态。
- 【单元格样式】按钮 ▦：单击该按钮，弹出【单元格样式】对话框。该对话框可以设置小数点的位数和数字栏的宽度。或者直接移动鼠标，光标在各单元格相交处时，将会变成 ╪ 形状，拖动鼠标可直接调整数字栏的宽度。

如需修改图表，首先选中图表，选择【对象】|【图表】|【数据】命令，弹出图表数据输入框，此时可再修改数据。设置完数据后，单击【应用】按钮 ✓，即可将修改好的数据应用到选定的图表中。

操作技巧

选中图表并右击，在弹出的快捷菜单中选择【数据】命令，也可以弹出图表数据输入框。

■ 6.1.3 其他图表效果

使用图表工具组中的其余工具即可创建如下几种图表。

1. 堆积柱形图表

堆积柱形图表与柱形图表类似，只是显示方式不同，柱形图表显示为单一的数据比较，而堆积柱形图表显示的是全部数据总和的比较，如图 6-6 所示。因此，在进行数据总量的比较时，多用堆积柱形图表来表示。

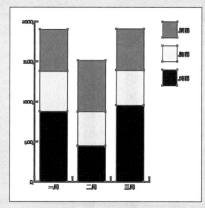

图 6-6 堆积柱形图表

2. 条形图表与堆积条形图表

条形图表与柱形图表类似，只是柱形图表是以垂直方向上的矩形显示图表中的各组数据，而条形图表是以水平方向上的矩形条来显示图表中的数据，如图 6-7 所示。堆积条形图表与堆积柱形图表类似，但是堆积条形图表是以水平方向的矩形条来显示数据总量的，与堆积柱形图表正好相反，如图 6-8 所示。

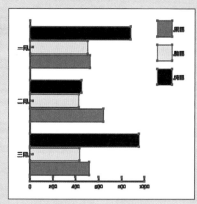

图 6-7 条形图表

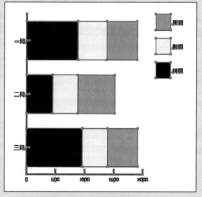

图 6-8 堆积条形图表

3. 折线图表

折线图表可以显示出某种事物随时间变化的发展趋势，很明显地表现出数据的变化走向。折线图表也是一种比较常见的图表，给人以直接明了的视觉效果，如图 6-9 所示。

4. 面积图表

面积图表与折线图表类似，区别在于面积图表是利用折线下的面积而不是折线来表示数据的变化情况，如图 6-10 所示。

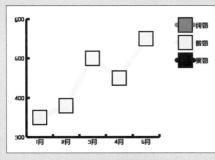

图 6-9　折线图表　　　　　　　　　　　　　图 6-10　面积图表

5. 散点图表

散点图表与其他图表不太一样，散点图表可以将两种有对应关系的数据同时在一个图表中表现出来。散点图表的横坐标与纵坐标都是数据坐标，两组数据的交叉点形成了坐标点，如图 6-11 所示。【切换 X/Y】按钮 ⇅ 是专为散点图表设计的，可调换 X 轴和 Y 轴的位置。

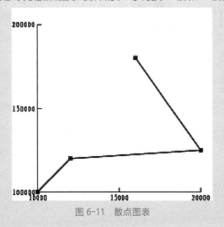

图 6-11　散点图表

6. 饼形图表

饼图是一种常见的图表，适用于一个整体中各组成部分的比较，该类图表应用的范围比较广。饼图的数据整体显示为一个圆，每组数据按照其在整体中所占的比例，以不同颜色的扇形区域显示出来。饼图不能准确地显示出各部分的具体数值，如图 6-12 所示。

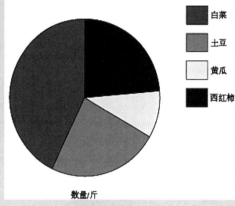

图 6-12　饼形图表

7. 雷达图表

雷达图表是以一种环形的形式对图表中的各组数据进行比较，形成比较明显的数据对比，雷达图表适合表现一些变化悬殊的数据，如图 6-13 所示。

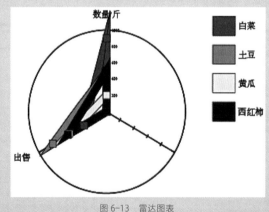

图 6-13　雷达图表

6.2　设置图表

Illustrator CC 可以重新调整各种类型图表的选项，可以更改某一组数据，还可以解除图表组合、应用笔画或填充颜色。

■ 6.2.1　【图表类型】对话框

选择【对象】|【图表】|【类型】命令，或双击任意图表工具，将弹出【图表类型】对话框，利用该对话框可以更改图表的类型，并可

以对图表的样式、选项及坐标轴进行设置，如图 6-14 所示。

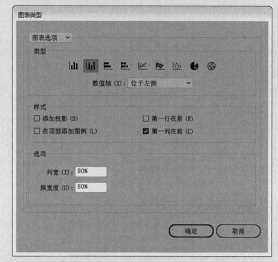

图 6-14 【图表类型】对话框

1. 图表类型

在页面中选择需要更改类型的图表，双击任意图表工具，在弹出的【图表类型】对话框中选择需要的图表类型，然后单击【确定】按钮，即可将页面中选择的图表更改为指定的图表类型。

2. 坐标轴的位置

除了饼形图表外，其他类型的图表都有一条数值坐标轴。在【图表类型】对话框的【数值轴】下拉列表中包括【位于左侧】、【位于右侧】和【位于两侧】3 个选项，分别用来指定图表中坐标轴的位置。选择不同的图表类型，其【数值轴】中的选项也不完全相同。

3. 图表样式

【样式】下的各选项可以为图表添加一些特殊的外观效果。
- 添加投影：在图表中添加一种阴影效果，使图表的视觉效果更加强烈。
- 在顶部添加图例：图例将显示在图表的上方。
- 第一行在前：图表数据输入框中第一行的数据所代表的图表元素在前面。对于柱形图表、堆积柱形图表、条形图表、堆积条形图表，只有【列宽】或【条形宽度】大于 100% 时才会得到明显的效果。
- 第一列在前：图表数据输入框中第一列的数据所代表的图表元素在前面。对于柱形图表、堆积柱形图表、条形图表、堆积条形图表，只有【列宽】或【条形宽度】大于 100% 时才会得到明显的效果。

6.2.2 坐标轴的自定义

在【图表类型】对话框顶部的下拉列表中选择【数值轴】选项，如图 6-15 所示。

图 6-15　选择【数值轴】选项

- 刻度值：勾选【忽略计算出的值】复选框时，下方的 3 个数值框将被激活，【最小值】选项表示坐标轴的起始值，也就是图表原点的坐标值；【最大值】选项表示坐标轴的最大刻度值；【刻度】选项用来决定将坐标轴上下分为多少部分。
- 刻度线：在该选项组下，【长度】选项的下拉列表中包括 3 项，选择【无】选项表示不使用刻度标记；选择【短】选项表示使用短的刻度标记；选择【全宽】选项，刻度线将贯穿整个图表。【绘制】选项表示相邻两个刻度间的刻度标记条数。
- 添加标签：【前缀】选项是指在数值前加符号；【后缀】选项是指在数值后加符号。

为图表的标签和图例生成文本时，Illustrator 使用默认的字体和大小，选择【直接选择工具】🔲单击以选择要更改文字的基线；双击以选择所有的文字，根据需要更改文字属性。选择【直接选择工具】🔲单击选中图表中的图形元素，可以应用笔画或填充颜色等。

6.2.3 组合不同的图表类型

除了面积图表以外，其他类型的图表都有一些附加选项可供选择，在【图表类型】对话框中选择不同的图表类型，其【选项】中包含的选项也各不相同。下面分别对各类型图表的【选项】进行介绍。

柱形图表、堆积柱形图表、条形图表、堆积条形图表有一些共同的选项。其中【列宽】是指图表中每个柱形条的宽度；【条形宽度】是指图表中每个条形的宽度；【簇宽度】是指所有柱形或条形所占据的可用空间。

折线图表、雷达图表的【选项】内容分别如图 6-16、图 6-17 所示。选中【标记数据点】复选框，将使数据点显示为正方形，否则直线段中间的数据点不显示。选中【连接数据点】复选框，将在每组数据点之间进行连线，否则只显示一个个孤立的点。选中【线段边到边跨 X 轴】复选框，连接数据点的折线将贯穿水平坐标轴。选中【绘制填充线】复选框，将激活其下方的【线宽】数值框。

图 6-16　折线图表【选项】内容

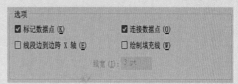

图 6-17　雷达图表【选项】内容

散点图表的【选项】内容，除了缺少【线段边到边跨 X 轴】复选框之外，其他选项与折线图表和雷达图表的【选项】相同，如图 6-18 所示。饼图图表的【选项】内容如图 6-19 所示。

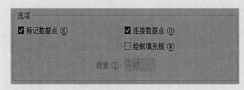

图 6-18　散点图表的【选项】内容

图 6-19　饼图图表的【选项】内容

6.3　自定义图表

Illustrator CC 可以自定义图表的图案，使图表更加生动。

6.3.1　自定义图表图案

选择在页面中绘制好的图形符号，选择【对象】|【图表】|【设计】命令，在弹出的【图表设计】对话框中单击【新建设计】按钮，新建图案，如图 6-20 所示。单击【重命名】按钮，弹出【图表设计】重命名对话框，设置完毕后单击【确定】按钮，如图 6-21 所示。

图 6-20　【图表设计】对话框

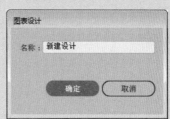

图 6-21　重命名

■ 6.3.2 将图形添加到图表

在【图表设计】对话框中单击【粘贴设计】按钮，可以将图案粘贴到页面中，对图案可以重新进行修改和编辑。编辑、修改后的图案还可以重新定义。在对话框中编辑完成后，单击【确定】按钮，完成对一个图表图案的定义。

6.4 课堂练习——图案图表的设计

首先根据已知数据创建图表，然后创建图表图案，为图表添加图案。

01 启动 Illustrator CC，执行【文件】|【新建】命令，在弹出的【新建文档】对话框中进行设置，然后单击【确定】按钮，新建文档，如图 6-22 所示。使用【柱形图工具】 Ⅲ 在画板中单击，在弹出的对话框中进行设置，然后单击【确定】按钮，如图 6-23 所示。

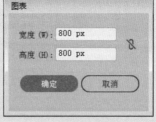

图 6-22 新建文档 图 6-23 设置图表参数

02 在弹出的图表数据输入框中进行设置，然后单击 ✔ 按钮创建图表，如图 6-24、图 6-25 所示。

图 6-24 创建图表

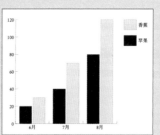

图 6-25 图表效果

03 将本章素材"苹果.jpg"和"香蕉.jpg"文件拖至当前正在编辑的文档中,如图6-26所示。单击属性栏中的【嵌入】按钮,取消图像的超链接。

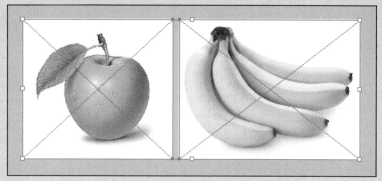

图6-26 添加素材

04 分别选中并临摹图像,如图6-27所示。选中香蕉图形,执行【对象】|【图表】|【设计】命令,打开【图表设计】对话框,单击【新建设计】按钮创建图表图案,然后单击【重命名】按钮,在弹出的对话框中设置名称,如图6-28所示。

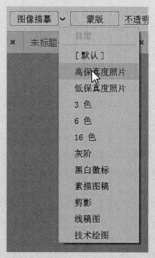

图6-27 临摹图像　　　　图6-28 【图表设计】对话框

05 使用前面介绍的方法,将苹果图像定义为图表图案,如图6-29所示。选中页面中的图表和苹果图案,执行【对象】|【图表】|【柱形图】命令,为图表添加图案,如图6-30所示。

06 使用【矩形工具】绘制白色矩形,隐藏图案,如图6-31、图6-32所示。

图 6-29 图像定义为图表图案 　　　　　图 6-30 为图表添加图案

图 6-31 绘制矩形

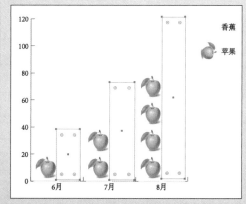

图 6-32 隐藏图案

07 复制图表并调整图层顺序，如图 6-33、图 6-34 所示。

图 6-33 复制图表 　　　　　　　　图 6-34 调整图层顺序

08 选中复制的图表和香蕉图案，执行【对象】|【图表】|【柱形图】命令，为图表添加图案，如图 6-35、图 6-36 所示。

图 6-35　添加图案

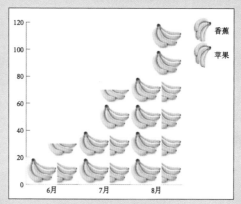

图 6-36　图表效果

09 选中香蕉图表，执行【对象】|【取消编组】命令，删除部分图像，完成实例的制作，如图 6-37、图 6-38 所示。

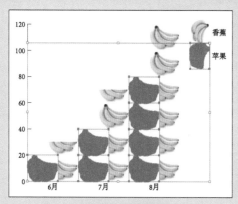

图 6-37　选中图表

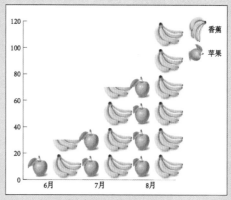

图 6-38　制作完成的效果

强化训练

项目名称　绘制水果产量报表

项目需求

受某企业委托制作会议展板，尺寸为120cm×60cm，其中需要制作表格，要求信息明确，风格简洁，展示内容要醒目，能让参加会议的来宾驻足观看。

项目分析

根据已知数据创建水果产量第一季度报表，柱形图使数据变得更直观明了，方便人观看。创建三角形图案并定义为图表图案，应用到图表背景中，使整个报表协调丰富起来，同时突出了前面的数据对比。

项目效果

项目效果如图6-39所示。

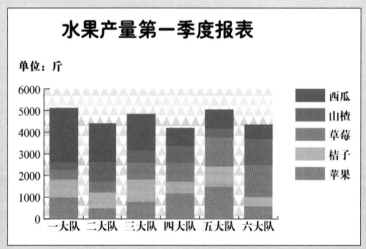

图6-39　水果产量第一季度报表

操作提示

01 创建堆积柱形图表。

02 对图表进行设置。

CHAPTER 07

图层和蒙版的应用

本章概述 SUMMARY

图层在 Illustrator 中起着至关重要的作用，也是该软件的特点之一。通过图层，可以对图形、图像、文字等元素进行有效的管理和归整，为创作过程提供了有利的条件。图层的运用非常灵活，也很简便，希望通过本章的学习，大家可以对关于图层的知识充分掌握，并且可以熟练地进行图层操作。

■ 学习目标

∨　熟悉【图层】面板。

∨　了解图层蒙版和文字蒙版。

∨　熟练应用蒙版创建不透明效果。

◎制作过程展示

◎寿司广告制作最终效果

7.1 图层

在设计优秀的作品时，图层的使用是非常重要的，而且还可以利用剪切蒙版和对象混合效果，帮助设计师创建更丰富的图形效果。

■ 7.1.1 认识【图层】面板

在 Illustrator CC 中创建复杂的设计作品时，必然会在绘图页面创建很多对象，这样在选择和查看时都会很不方便。而使用图层来管理对象，就可以解决这个问题，如图 7-1、图 7-2 所示。图层就像一个文件夹一样，它可包含多个对象，用户可以对图层进行各种编辑，如更改各个对象的排列层序，在一个父图层下创建子图层，在不同的图层之间移动对象，以及更改整个图层的排列顺序等。

图 7-1 Illustrator 文件

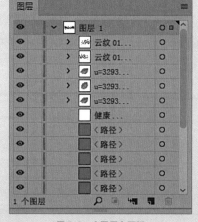

图 7-2 【图层】面板

使用图层概念可以很容易地选择、隐藏、锁定以及更改作品的外观属性等，并可以创建一个模板图层，以便在描摹作品或者从 Photoshop 中导入图层时使用。

所有这些操作，都可以在【图层】面板中进行，在该面板中提供了几乎所有与图层有关的选项，它可以显示当前文件中所有的图层，以及图层中所包含的内容，如路径、群组、封套、复合路径以及子图层等。通过对面板中按钮、面板菜单的操作，可以完成对图层以及图层中所包含的对象的设置。

在视图右侧的面板组合中单击【图层】按钮 ，打开【图层】面板，如图 7-3 所示。若该面板已关闭，可执行【窗口】|【图层】命令，打开该面板。

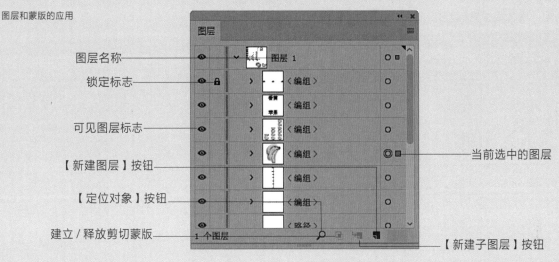

图层名称

锁定标志

可见图层标志

【新建图层】按钮

【定位对象】按钮

建立 / 释放剪切蒙版

当前选中的图层

【新建子图层】按钮

图 7-3 【图层】面板

另外，在面板的左下角显示了当前文件中所创建的图层的总数，而单击右上角的按钮，会弹出面板菜单。

在【图层】面板中各个按钮的含义如下。

- 【定位对象】按钮：该按钮可定位选择对象所在图层。
- 【创建 / 释放剪切蒙版】按钮：单击该按钮可将当前的图层创建为蒙版，或者将蒙版恢复为原来的状态。
- 【新建子图层】按钮：单击该按钮，可以为当前活动的图层新建一个子图层。
- 【新建图层】按钮：单击该按钮，可在活动图层上面创建一个新的图层。
- 【删除图层】按钮：该按钮可用于删除一个不再需要的图层。
- 当前选中的图层：它表示当前图层的颜色色样，默认状态下各图层的颜色是不同的，用户也可在创建图层时指定自己所喜欢的颜色，这样在该图层中的对象的选择框就会显示相应的颜色。

7.1.2 新建图层

默认状态下，在绘图页面上创建的所有对象都存放在一个图层中，读者可以创建一个新图层，并移动这些对象到新层。

默认情况下，新建文件时会自动创建一个透明的图层，用户可根据需要在文件中创建多个图层，并可在父图层中嵌套多个子图层。

由于 Illustrator 会在选定图层的上面创建一个新的图层，所以在新建图层时，首先要选定图层，然后单击面板上的【新建图层】按钮，这时面板中会出现一个空白的图层，并且处于被选状态，这时即可在新图层中创建对象。

> **操作技巧**
>
> 　　除了前面所提到的创建图层的方法外，也可以先按 Ctrl 键，再单击【新建图层】按钮，在使用这种方式时，不管当前选择的是哪一个图层，都会在图层列表的最上方创建一个新的图层。

如果要设置新创建的图层，可从面板菜单中选择【新建图层】命令，或者按住 Alt 键单击【新建图层】按钮，都可打开【图层选项】对话框，如图 7-4 所示。

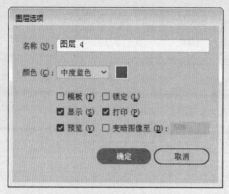

图 7-4 【图层选项】对话框

如果要在当前选定的图层内创建一个子图层，可单击面板上的【新建子图层】按钮，或者从面板菜单中选择【新建子图层】命令，还可以按住 Alt 键单击【新建子图层】按钮，同样也可以打开【图层选项】对话框，它的设置方法与新建图层相同。

- 名称：该项用于指定在面板中所显示的图层名称。
- 颜色：为了在页面上区分各个图层，Illustrator 会为每个图层指定一种颜色，来作为选择框的颜色，并且在面板中的图层名称后也会显示相应的颜色块。单击选项框后的三角按钮，在弹出的下拉列表中提供了多种颜色，当选择【自定义】选项时，会打开【颜色】对话框，用户可以从中精确定义图层的颜色，然后单击【确定】按钮。
- 模板：当勾选该复选框后，该图层将被设置为模板，这时不能对该图层中的对象进行编辑，在描摹图像时非常适合使用。
- 锁定：勾选该复选框后，新建的图层将处于锁定状态。
- 显示：该项用于设置新建图层中的对象在页面上的显示与否，当取消勾选该复选框之后，对象在页面中是不可见的。
- 打印：勾选该复选框后，则说明该图层中的对象将可以被打印出来。而取消该项的选择后，该图层中所有的对象都不能被打印。
- 预览：勾选该复选框后，新绘制的对象显示完整的外观。
- 变暗图像至：此项可以降低处于该图层中的图形的亮度，用户可在后面的文本框内设置其降低的百分比，默认值为 50%。

■ 7.1.3 设定图层选项

当使用【图层】面板时，可对面板进行一些设置，来更改默认情况下面板的外观，执行面板菜单中的【面板选项】命令，即可打开【图层面板选项】对话框，如图 7-5 所示。

图 7-5 【图层面板选项】对话框

在【图层面板选项】对话框中的选项可更改面板的外观。下面分别对它们做一下介绍。

- 仅显示图层：当勾选该复选框后，在面板中将只显示父图层和子图层，而隐藏路径、群组或者其他对象。
- 行大小：可指定缩略图的尺寸，只要选中相应的单选按钮即可，当选中【其他】单选按钮时，可自定义它的大小，默认值为 20 像素，可设置的范围为 12~100 像素。
- 缩览图：可设置缩略图中所包含的内容，勾选需要显示的复选框，在面板中的缩略图中就会显示该项目中存在的对象，如图层、群组或对象等。

■ 7.1.4　改变图层对象的显示

当隐藏一个图层时，则该图层中的对象在页面上就不会显示。在【图层】面板中可有选择地隐藏或显示图层，比如在创建复杂的作品时，能用快速隐藏父图层的方式隐藏多个路径、群组和子对象。下面是几种隐藏图层的方式。

- 在面板中需要隐藏的项目前单击眼睛图标，就会隐藏该项目，而再次单击会重新显示。
- 如果在一个图层的眼睛图标上按下鼠标左键向上或向下拖动，当鼠标经过的图标都会隐藏，这样就可很方便地隐藏多个图层或项目。
- 在面板中双击图层或项目名称，打开【图层选项】对话框，在其中取消勾选【显示】复选框，单击【确定】按钮。
- 如果要隐藏【图层】面板中所有未选择的图层，可以执行面板菜单中的【隐藏其他】命令，或按Alt键单击需要显示图层的眼睛图标。

- 执行面板菜单中的【显示所有图层】命令，则会显示当前文件中所有的图层。

7.1.5 收集图层

使用【释放到图层】命令，可为选定的图层或群组创建子图层，并使其中的对象分配到创建的子图层中去。而执行【收集到新建图层】命令，可以新建一个图层，并将选定的子图层或其他选项都放到该图层中去。

01 首先在面板中选择一个图层或者群组，如图 7-6 所示。

图 7-6　选择对象

02 然后执行面板菜单中的【释放到图层（顺序）】命令，可将该选项图层或群组内的选项按创建的顺序分离成多个子图层。而执行面板菜单中的【释放到图层（累积）】命令时，则将以数目递增的顺序释放各选项到多个子图层，下面是执行这两个命令后创建的效果，如图 7-7、图 7-8 所示。

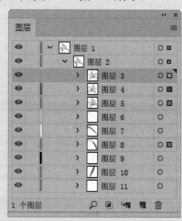

图 7-7　【释放到图层（顺序）】命令　　　图 7-8　【释放到图层（累积）】命令

03 这时可对子图层重新组合，按住 Shift 键或者 Ctrl 键，连续或不连续选择需要收集的子图层或其他选项，然后执行面板菜单中的【收集到新建图层】命令，即可将所选择的内容放置到一个新建的图层中。

■ 7.1.6　合并图层

当用户编辑好各个图层后，可将这些图层进行合并，或者合并图层中的路径、群组或者子图层。

选中需要合并的两个及两个以上的图层或项目，执行【合并所选图层】命令时，合并所选项目；而执行【拼合图稿】命令，会将所有可见图层合并为单一的父图层，合并图层时，不会改变对象在页面上的层序。

如果需要将对象合并到一个单独的图层或群组中，可先在面板中选择需要合并的项目，然后执行面板菜单中的【合并图层】命令，则选择的项目会合并到最后一个选择的图层或群组中。

7.2　制作图层蒙版

当用户需要改变图形对象某个区域的颜色，或者要对该区域单独应用滤镜或其他效果时，可以使用蒙版来分离或保护其余的部分。蒙版是一种高级的图形选择和处理技术，当选择某个图形的部分区域时，未选中区域将"被蒙版"或受保护以免被编辑。

被蒙版的对象可以是在 Illustrator 中直接绘制的，也可以是从其他应用程序中导入的矢量图或位图文件。在【预览】视图模式下，在蒙版以外的部分不会显示，并且不会打印出来；而在【线框】视图模式下，所有对象的轮廓线都会显示出来。

通常在页面上绘制的路径都可生成蒙版，它可以是各种形状的开放或闭合路径、复合路径或者文本对象，或者是经过各种变换后的图形对象。

在创建蒙版时，可以使用【对象】菜单中的命令或者【图层】面板来创建透明的蒙版，也可以使用【透明】面板创建半透明的蒙版。

■ 7.2.1　制作图像蒙版

将一个对象创建为透明的蒙版后，则该对象的内部变得完全透明，这样就可以显示下面的被蒙版对象，同时可以挡住不需要显示或打印的部分。在创建蒙版时，可以使用【对象】菜单中的创建蒙版命令，也可以在【图层】面板中进行。

小试身手——为图形创建遮羞布

执行【对象】|【剪切蒙版】|【建立】命令，可以将一个单一的路径或复合路径创建为透明的蒙版，它将修剪被蒙版图形的一部分，并只显示蒙版区域内的内容。

用户可以直接在绘制的图形上创建蒙版，或者在导入的位图上创建。

01 使用工具箱中的工具在页面上绘制，或使用选取工具选择要作为蒙版的对象。如果是在【图层】面板中进行创建，选中包含需要将其转变为蒙版的图层或群组。处于最上方的图层或群组中的对象将被作为蒙版。用选取工具同时选中需要作为蒙版的对象和被蒙版的图形，如图 7-9 所示。

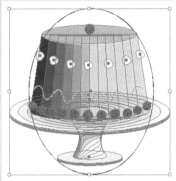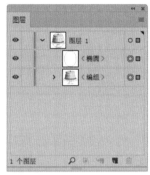

图 7-9　选中图像

02 然后执行【对象】|【剪切蒙版】|【建立】命令；或者单击【图层】面板底部的【建立 / 释放剪切蒙版】按钮 ，也可以执行面板菜单中的【建立剪切蒙版】命令。这时作为蒙版的对象将失去原来的着色属性，而成为一个无填充或轮廓线填充的对象，如图 7-10 所示。

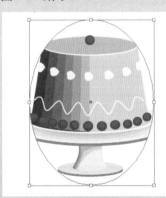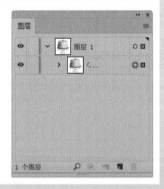

图 7-10　建立剪切蒙版

03 当完成蒙版的创建后，还可为它应用填充或轮廓线填充，操作时使用【直接选择工具】 选中蒙版对象，这时可利用工具箱中的填充或轮廓线填充工具，或使用【颜色】面板对蒙版进行填充，但是只有轮廓线填充是可见的，而对象的内部填充会被隐藏到被蒙版对象的下方，如图 7-11 所示。

04 这时还可以对蒙版进行变换，操作时只要用【直接选择工具】 选中蒙版，然后再使用各种变换工具对其进行适当的变形，如图 7-12 所示。

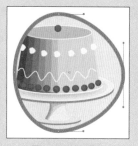

图 7-11　蒙版对象轮廓线内部填充　　　　　　图 7-12　编辑蒙版

当撤销蒙版效果，恢复对象原来的属性时，可使用【直接选择工具】或拖动产生一个选择框选中蒙版对象，然后执行【对象】|【剪切蒙版】|【释放】命令。如果是在【图层】面板中操作，可先选择包含蒙版的图层或群组，并执行面板菜单中的【释放剪切蒙版】命令，或者单击面板底部的【创建/释放剪切蒙版】按钮 ▣。另外，可选择蒙版对象并右击，在弹出的快捷菜单中选择【释放剪切蒙版】命令，或者按 Alt+Ctrl+7 组合键。

小试身手——利用透明度制作梦幻效果

在【透明度】面板中，可以创建出半透明的蒙版，如果一个对象应用了图案或渐变填充，当它作为蒙版后，其填充依然是可见的，利用它的这种特性，可以隐藏被蒙版图形的部分亮度。

01 打开一幅图片，设置黑白渐变，如图 7-13、图 7-14 所示。

图 7-13　添加素材　　　　　　　　　　图 7-14　设置黑白渐变

02 选中这两个对象。由于 Illustrator 会将选定的最上面的对象作为蒙版，所以在创建之前，要调整好各对象之间的顺序，如图 7-15 所示。

03 执行【窗口】|【透明度】命令，打开【透明度】面板，如图 7-16 所示。

图 7-15　调整图像　　　　　　　　　　图 7-16　【透明度】面板

04 单击面板中的【制作蒙版】按钮，或单击右上角的按钮，在弹出的面板菜单中选择【建立不透明蒙版】命令，创建出不透明蒙版效果，如图 7-17 所示。

图 7-17　创建不透明蒙版效果

　　在默认状态下，蒙版和被蒙版图形是链接在一起的，它们可作为一个整体移动，单击两个缩略图之间的链接标志，或者执行面板菜单中的【解除不透明蒙版的链接】命令，将会解除链接，这时它们就可以通过【直接选择工具】进行移动，并可编辑被蒙版的图形；再次单击该标志，或者执行面板菜单中的【链接不透明蒙版】命令，它们又会重新链接。

　　如果用户需要对蒙版进行一些编辑，可以在【透明度】面板上单击蒙版缩略图，就可以进入蒙版编辑模式。用户可使用各种工具对其进行修改，改变后的外观会显示在面板的缩略图中。当编辑好之后，单击左侧的被蒙版图形的缩略图退出编辑模式。

　　在创建不透明蒙版的过程中，如果需要对蒙版的对象进行编辑，可按 Alt 键，再单击【透明度】面板中的蒙版图形缩略图，这时只有蒙版对象在文档窗口中显示，如图 7-18 所示。

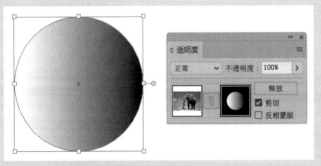

图 7-18　编辑蒙版对象

　　当释放不透明蒙版时，可执行面板菜单中的【释放不透明蒙版】命令，这时被蒙版的图形将会显示。

　　执行面板菜单中的【停用不透明蒙版】命令，可取消蒙版效果，但不删除该对象，这时一个红色的 X 标志将出现在右侧的缩略图上，而选择【启用不透明蒙版】命令即可恢复。

■ 7.2.2 编辑图像蒙版

当完成蒙版的创建，或者打开一个已应用蒙版的文件后，还可以对其进行一些编辑，如查看、选择蒙版或增加、减少蒙版区域等。

当查看一个对象是否为蒙版时，可在页面上选择该对象，然后执行【窗口】|【图层】命令，打开【图层】面板，并单击右上角的按钮，执行面板菜单中的【定位对象】命令，当蒙版为一个路径时，它的名称下会出现一条下画线，如图 7-19 所示；而蒙版为一个群组时，其名称下会出现呈虚线的分隔符。

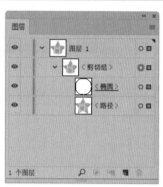

图 7-19　蒙版判定

蒙版和被蒙版图形能像普通对象一样被选择或修改。由于被蒙版图形在默认情况下是未锁定的，用户可以先将蒙版锁定，然后再进行编辑，这样就不会影响被蒙版的图形。操作时使用【直接选择工具】选中需要锁定的蒙版，然后执行【对象】|【锁定】|【所选对象】命令，这时不能再选择或是移动被蒙版图形中单独的对象。

当选择蒙版时，可执行【选择】|【对象】|【剪切蒙版】命令，可以查找和选择文件中应用的所有蒙版，如果页面上有非蒙版对象处于选定状态时，会取消其选择。

当向被蒙版图形中添加一个对象时，可先将其选中，并拖动到蒙版的前面，然后执行【编辑】|【粘贴】命令，再使用【直接选择工具】选中被蒙版图形中的对象，这时执行【编辑】|【贴在前面】或者【编辑】|【贴在后面】命令，那么该对象就会被相应地粘贴到被蒙版图形的前面或后面，并成为图形的一部分。

如果要在被蒙版图形中删除一个对象时，可使用【直接选择工具】选中该对象，然后执行【编辑】|【清除】命令即可；还可以选中该项目，直接按 Delete 键删除。

7.3　制作文本蒙版

制作文本蒙版与制作图像蒙版的方法相同。

■ 7.3.1　创建文本蒙版

在图像背景上输入文字信息，同时选中背景和文字，如图 7-20 所示。

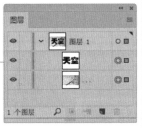

图 7-20　选中背景和文字

单击鼠标右键，在弹出的快捷菜单中选择【创建剪切蒙版】命令，创建文本蒙版，如图 7-21 所示。

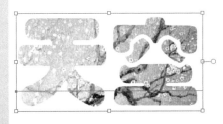

图 7-21　创建文本蒙版

■ 7.3.2　编辑文本蒙版

因为背景与创建的"天空"文字宽度相同，所以选中背景并配合 Shift 键等比例放大图像，如图 7-22 所示。

图 7-22　放大图像

使用【文字工具】$\boxed{T}$，靠近文字时文字呈现被选中状态，单击出现光标，如图 7-23 所示。对文字进行编辑，如图 7-24 所示。

选中文字，执行【效果】|【变形】|【旗形】命令，可创建文字蒙版的变形，如图 7-25、图 7-26 所示。

图 7-23　单击出现光标

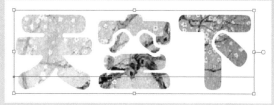

图 7-24　编辑文字

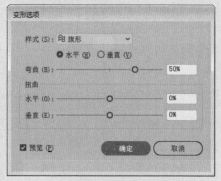

图 7-25　设置变形参数

图 7-26　创建文字蒙版变形

7.4　课堂练习——寿司广告设计

应用水墨图像为产品照片添加透明蒙版效果，该蒙版图像黑色区域遮盖部分的照片为隐藏状态，白色区域遮盖部分的照片为显示状态。

01 在 Illustrator CC 中新建文档，如图 7-27 所示。打开本章素材"寿司.jpg"文件并将其拖至正在编辑的文档中，如图 7-28 所示。

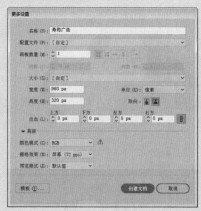

图 7-27　新建文档

图 7-28　添加素材

02 打开本章素材"墨迹.jpg"文件并将其拖至正在编辑的文档中，如图7-29所示。配合Shift键加选寿司图像，如图7-30所示。

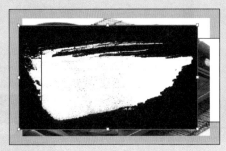

图7-29　添加素材

图7-30　选中图像

03 单击【透明度】面板中的【制作蒙版】按钮，创建图层蒙版，如图7-31、图7-32所示。

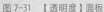

图7-31　【透明度】面板

图7-32　创建图层蒙版

04 使用【矩形工具】□创建矩形，使矩形与页面中心对齐，如图7-33所示。

05 使用Ctrl+A组合键选中画板中的所有图形，执行【对象】|【剪切蒙版】|【建立】命令，创建剪切蒙版，如图7-34所示。

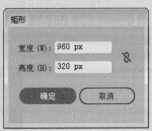

图7-33　绘制矩形

图7-34　创建剪切蒙版

06 添加文字信息，如图7-35所示。打开本章素材"墨迹02.jpg"文件，将其拖至正在编辑的文档中，如图7-36所示。

07 绘制椭圆并添加渐变填充效果，如图7-37、图7-38所示。

图 7-35 添加文本

图 7-36 添加素材

图 7-37 设置渐变填充参数

图 7-38 渐变填充效果

08 配合 Shift 键加选下方的"墨迹 02.jpg"素材,如图 7-39 所示。单击【透明度】面板中的【制作蒙版】按钮,创建图层蒙版,如图 7-40 所示。

图 7-39 选下方素材

图 7-40 创建图层蒙版

09 添加本章素材"树叶 .tif"和"云纹 .tif"文件,完成实例的制作,如图 7-41 所示。

图 7-41 完成效果图

强化训练

项目名称　设计美食广告海报

项目需求

　　受某企业委托制作海报，要求风格简约，有古典韵味，突出美食，图文并茂，以吸引顾客前来品尝，提高销售额。

项目分析

　　本次案例中应用古典水墨元素结合图层蒙版，使广告更具有古典韵味，色调为暖色调而使美食更加吸引人；美食介绍文字排版清晰，能让顾客快速地了解美食的信息；灰色的背景给人以历史感，突出了美食特色，具有传统风味。

项目效果

　　项目效果如图 7-42 所示。

图 7-42　美食广告制作效果

操作提示

01 添加水墨背景，然后添加产品图像并为其添加水墨图像蒙版。

02 添加文字并为文字添加剪切蒙版。

CHAPTER 08

效果的应用

本章概述 SUMMARY

许多用来更改对象外观的命令都同时出现在【滤镜】和【效果】这两个菜单中。例如，【滤镜】|【艺术效果】子菜单中的所有命令同样出现在【效果】|【艺术效果】子菜单中。不过，滤镜和效果所产生的结果却有所不同。因此，了解这两者在使用上的区别是十分重要的。

■ 学习目标

∨ 认识效果的作用。

∨ 熟练应用常用滤镜效果。

∨ 熟悉【图形样式】控制面板。

∨ 掌握样式并为图形添加样式效果。

◎制作桌面壁纸　　　　　　　　◎投影和发光

8.1　认识效果

　　滤镜会改变对象的原始结构，一经应用滤镜，就无法再修改或移去滤镜所做的更改。不过，使用滤镜命令来改变对象形状也有其优势，可以立即选择滤镜创建的新锚点。当使用一种效果时，必须在扩展对象之后才能选择新锚点。

　　效果可以改变一个对象的外观，但不会改变对象的原始结构。向对象应用了一种效果，【外观】面板中便会列出该效果，从而可以对该效果进行编辑、移动、复制、删除，或将其存储为图形样式的一部分。

8.2　使用效果

　　要为绘制的矢量图形应用效果，需要选择对应的矢量滤镜组，包括3D、路径、风格化等 10 组滤镜，每个滤镜组又包括若干个滤镜。只要用户选择的对象符合执行命令的要求，在弹出的对话框中设置其参数，即可应用相应的效果。下面对一些常用的矢量图特殊效果进行讲述。

■ 8.2.1　栅格化效果

　　【栅格化】效果是将矢量图形转换为位图图形的过程。在栅格化过程中，Illustrator 会将图形路径转换为像素，设置的栅格化选项将决定结果像素的大小及特征。

　　选中图形，执行【效果】|【栅格化】命令，弹出【栅格化】对话框，如图 8-1 所示。设置完成后单击【确定】按钮，将矢量图形转变为位图。

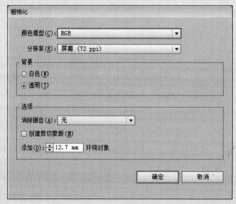

图 8-1　【栅格化】对话框

■ 8.2.2　3D 效果

　　在 Illustrator 中，可以为图形、文字添加立体效果。执行【效果】|

3D|【凸出和斜角】命令，可打开用于设置立体效果的对话框，可以改变 3D 形状的透视、旋转，并添加光亮和表面属性。另外，3D 效果也可以在任何时候编辑源对象，并可即时观察到 3D 形状随之而来的变化，如图 8-2 所示。

添加 3D 效果后，该效果会在【外观】面板上显示出来，如图 8-3 所示。和其他外观属性相同，读者可以编辑 3D 效果，并可以在面板叠放顺序中改变该效果的位置、复制或删除该效果。还可以将 3D 效果存储为可重复使用的图形样式，以便在以后可以对许多对象应用此效果。

图 8-2　3D 效果

图 8-3　【外观】面板

1. 凸出和斜角

选中对象后执行【效果】|3D|【凸出和斜角】命令，打开【3D 凸出和斜角选项】对话框，如图 8-4 所示。

图 8-4　【3D 凸出和斜角选项】对话框

【3D 凸出和斜角选项】对话框中的部分选项介绍如下。

● 凸出厚度：可设置 2D 对象需要被挤压的厚度。

● 端点：单击选中【开启端点以建立实心外观】按钮 ◎ 后，可以创建实心的 3D 效果，单击【关闭端点以建立空心外观】按钮 ◎ 后，可创建空心外观。

● 斜角：Illustrator 提供了 10 种不同的斜角样式供用户选择，还可以在后面的参数栏中输入数值，来定义倾斜的高度值。

2. 绕转

通过绕 Y 轴旋转对象,可以创建 3D 绕转对象。选择对象后,执行【效果】|3D|【绕转】命令,在【3D 绕转选项】对话框中,可在【角度】参数栏中输入 1~360°的数值来设置想要将对象旋转的角度,或通过滑块来设置角度。一个被旋转了 360°的对象看起来是实心的,而一个旋转角度低于 360°的对象会呈现出被分割开的效果,如图 8-5、图 8-6 所示。

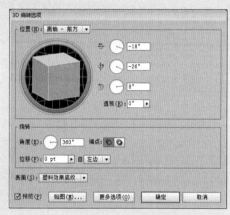
图 8-5 设置 3D 绕转选项参数

图 8-6 绕转前后效果对比

3. 旋转

执行【效果】|3D|【旋转】命令,打开【3D 旋转选项】对话框,该对话框可用于旋转 2D 和 3D 的形状,如图 8-7、图 8-8 所示。可以从【位置】中选取预设的旋转角度,或在 X、Y、Z 参数栏中输入 -180~180 的数值,控制旋转的角度。

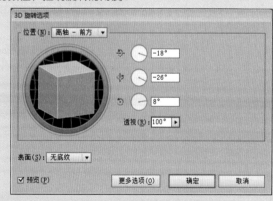
图 8-7 【3D 旋转选项】对话框

图 8-8 旋转效果

■ 8.2.3 使用效果改变对象形状

使用【变形】菜单中的命令或使用【扭曲和变换】滤镜,都可以改变对象的形状,达到需要变形的效果,使画面更加丰富。

1. 使用【变形】菜单中的命令

可以为对象添加变形效果，它可以应用到对象、组合和图层中。首先选中对象、组合或是图层，然后执行【变形】菜单中的任意子菜单命令即可。该菜单下有 15 种不同的变形效果，它们拥有一个相同的设置对话框——【变形选项】对话框，如图 8-9、图 8-10 所示。用户可以在【样式】下拉列表中选择不同的变形效果，其选项与菜单中的 15 种变形效果相同，然后改变相关设置即可得到所需的变形效果。

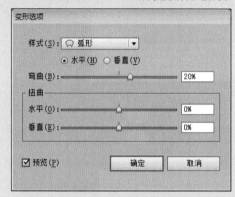

图 8-9　设置变形选项参数　　　　　　　　　　　图 8-10　变形效果

2. 扭曲和变换

【扭曲和变换】滤镜组包括变换、扭拧、扭转、收缩和膨胀、波纹效果、粗糙化、自由扭曲 7 个滤镜，可以使图形产生各种扭曲变形的效果，如图 8-11 所示。

（1）变换滤镜：可使对象产生水平缩放、垂直缩放、水平移动、垂直移动、旋转、反转等效果。

（2）扭拧滤镜：随机地向内或向外弯曲和扭曲路径段。通过设置【垂直】和【水平】扭曲，控制图形变形效果。

（3）扭转滤镜：旋转一个对象，中心的旋转程度比边缘的旋转程度大。输入一个正值将顺时针扭转；输入一个负值将逆时针扭转。

（4）收缩和膨胀滤镜：在将线段向内弯曲（收缩）时，向外拉出矢量对象的锚点；或在将线段向外弯曲（膨胀）时，向内拉入矢量对象的锚点。这两个选项都可相对于对象的中心点来拉出锚点。

（5）波纹滤镜：大小的尖峰和凹谷形成的锯齿和波形数组。使用绝对大小或相对大小设置尖峰与凹谷之间的长度。设置每个路径段的隆起数量，并在波形边缘（平滑）和锯齿边缘（尖锐）之间选择其一。

（6）粗糙化滤镜：可将矢量对象的路径段变形为各种大小的尖峰和凹谷的锯齿数组，使用绝对大小或相对大小设置路径段的最大长度。

（7）自由扭曲滤镜：可以通过拖动 4 个角落任意控制点的方式来改变矢量对象的形状。

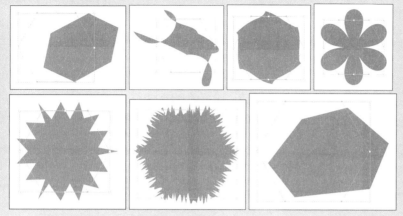

图 8-11 各种扭曲和变形效果

8.2.4 投影和发光

选择【滤镜】|【风格化】|【投影】命令，弹出【投影】对话框，可以为选定的对象添加阴影，如图 8-12、图 8-13 所示。

图 8-12 设置投影参数

图 8-13 投影效果

选择【滤镜】|【风格化】|【内发光】命令，弹出【内发光】对话框。设置完成后单击【确定】按钮，如图 8-14 所示。添加滤镜后的效果如图 8-15 所示。

图 8-14 设置内发光参数

图 8-15 内发光效果

通过【模式】下拉列表框可控制图层的混合模式，并可以在【不透明度】参数栏中设置发光的透明度，在【模糊】参数栏中控制发光效果的模糊程度。

同内发光效果相似，该效果可以创建出模拟外发光的效果，用户可在【外发光】对话框中设置发光的颜色和效果，如图 8-16、图 8-17 所示。

效果的应用

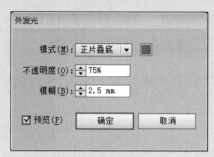

图 8-16　设置外发光参数

图 8-17　外发光效果

■ 8.2.5　涂抹效果

　　使用涂抹效果可以创建出类似彩笔涂画的视觉效果。执行【效果】|
【风格化】|【涂抹】命令，打开【涂抹选项】对话框，参数设置如图 8-18
所示，得到的效果如图 8-19 所示。

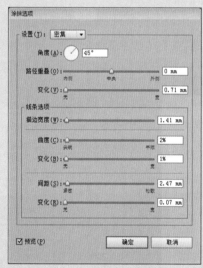

图 8-18　设置涂抹选项参数

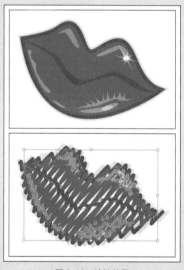

图 8-19　涂抹效果

　　在【涂抹选项】对话框中的【设置】下拉列表框中预设了多种不
同的效果可供选择，用户也可以通过【设置】下面众多的选项进行调整，
创建出自己所喜欢的涂抹效果。

8.3　使用图层样式

　　图形样式是一组可反复使用的外观属性，它可以快速更改对象的
外观。Illustrator CC 提供了多种样式库供选择和使用。

■ 8.3.1　【图形样式】面板

　　【图形样式】面板具有创建、管理和存储图形样式的功能。选择【窗

口】|【图形样式】命令，弹出【图形样式】面板，如图 8-20 所示。当把【图形样式】面板中的样式添加到对象上时，将在对象和图形样式之间创建一种链接方式。当【图形样式】面板中的样式发生变化时，被添加了该样式的对象也会随之变化。【断开图形样式链接】按钮 🔲 用来切断图形样式与对象之间的链接。单击面板右上方的按钮，弹出其下拉菜单。

图形样式库菜单　断开图形样式链接　新建图形样式　删除图形样式

图 8-20　【图形样式】面板

■ 8.3.2　使用样式

单击【图形样式】面板底部的【图形样式库菜单】按钮 📖ᵥ，弹出的下拉菜单如图 8-21 所示。单击菜单中的样式即可弹出相应的面板，如图 8-22 所示，在弹出的面板中单击样式效果即可导入至【图形样式】面板中，如图 8-23 所示。

图 8-21　样式库菜单

图 8-22　【纹理】面板

图 8-23　导入样式效果到【图形样式】面板

小试身手——为图形添加个性化效果

为图形添加个性化效果的操作步骤如下。

01 绘制图形，在【图形样式】面板中选择图形样式，即可为图形添加样式效果，如图 8-24、图 8-25 所示。

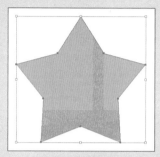
图 8-24　绘制图形

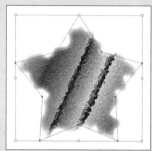
图 8-25　添加样式效果

02 绘制图形并添加填充效果，如图 8-26 所示。单击【图形样式】面板中的【新建图形样式】按钮，图形将被保存到【图形样式】面板中，或用鼠标直接拖动图形到【图形样式】面板中进行保存，如图 8-27 所示。

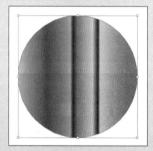
图 8-26　绘制图形并添加填充效果

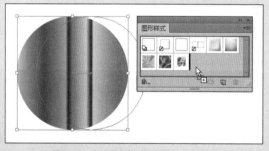
图 8-27　在【图形样式】面板中保存图形

03 为图形添加新建的图形样式，如图 8-28 所示。

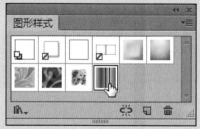

图 8-28　为图形添加图形样式

8.4 课堂练习——绘制桌面壁纸

　　首先使用【绕转】命令创建立体空间背景，然后使用【钢笔工具】
✐绘制小狗图形，在绘制过程中应用到了渐变填充和内发光效果，通
过存储和应用效果使绘制工作变得更加快捷，最后使用涂抹效果丰富
背景，完成实例的制作。

01 在 Illustrator CC 中新建文档，如图 8-29 所示。使用【矩形工
具】▢创建矩形。

02 在属性栏中设置对齐对象，然后单击【水平居中对齐】按钮
▣和【垂直居中对齐】按钮▣，使矩形与画板对齐，如图 8-30 所示。

图 8-29　新建文档

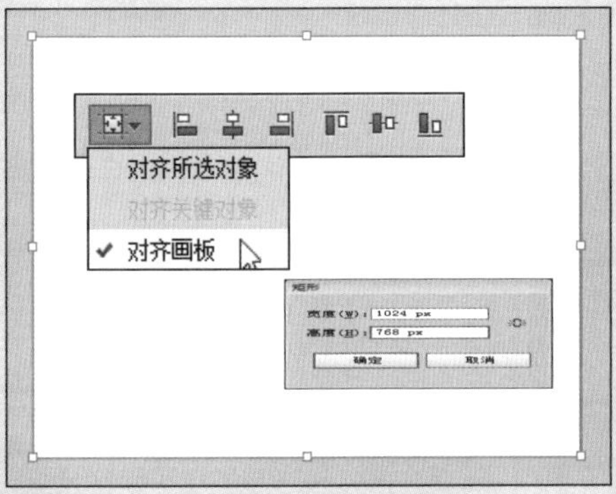

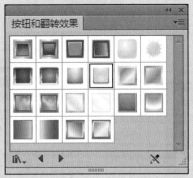

图 8-30　使矩形与画板对齐

03 单击【图形样式】面板底部的【图形样式库菜单】按
钮▦，在弹出的菜单中选择【按钮和翻转效果】命令，如图 8-31
所示，在弹出的面板中单击添加图形样式，如图 8-32 所示。

图 8-31　单击按钮

图 8-32　添加图形样式

04 使用【椭圆工具】配合 Shift 键绘制正圆，执行【效果】|【风
格化】|【内发光】命令，如图 8-33 所示。为正圆添加内发光效果，
参数设置如图 8-34 所示。

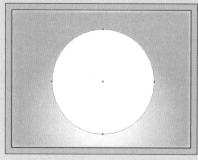

图 8-33　绘制图形

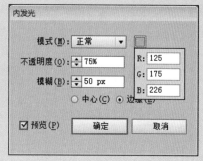

图 8-34　设置内发光参数

05 分别使用【圆角矩形工具】▣和【矩形工具】▢绘制图形，然后将其进行编组，如图 8-35、图 8-36 所示。

图 8-35　绘制图形

图 8-36　图形编组

06 执行【效果】|3D|【绕转】命令，创建立体图形，如图 8-37、图 8-38 所示。

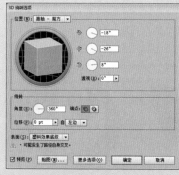

图 8-37　设置 3D 参数

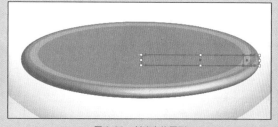

图 8-38　创建立体图形

07 配合 Alt 键复制图形，如图 8-39 所示。使用【直接选择工具】▶选中并移动锚点，如图 8-40 所示。

图 8-39　复制图形

图 8-40　移动锚点

08 使用【星形工具】★绘制星形并添加内发光效果，如图 8-41、图 8-42 所示。

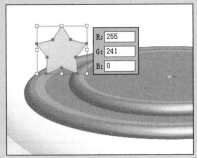

图 8-41 绘制星形

图 8-42 设置参数添加内发光效果

09 为星形添加旋转效果，如图 8-43、图 8-44 所示。

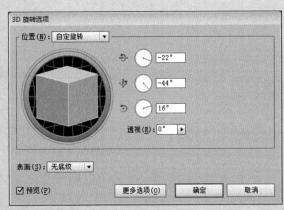

图 8-43 设置 3D 旋转选项参数

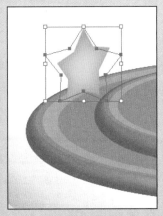

图 8-44 旋转效果

10 绘制图形并调整填充色，如图 8-45、图 8-46 所示。

图 8-45 绘制图形

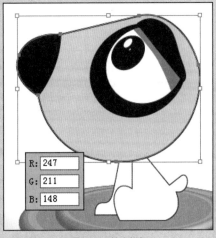

图 8-46 填充颜色

11 为图形添加内发光效果，如图 8-47、图 8-48 所示。

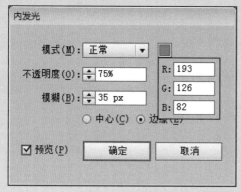

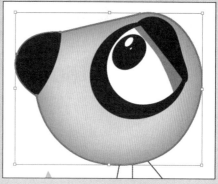

图 8-47　设置内发光参数　　　　　　　　　　　图 8-48　内发光效果

12 单击【图形样式】面板底部的【新建图形样式】按钮 □ 创建图形样式，如图 8-49 所示。为狗身体添加新建的图形样式，如图 8-50 所示。

图 8-49　创建图形样式　　　　　　　　　　　图 8-50　添加新建的图形样式

13 绘制椭圆，执行【效果】|【模糊】|【高斯模糊】命令，为图形添加高斯模糊效果，如图 8-51、图 8-52 所示。

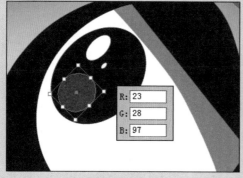

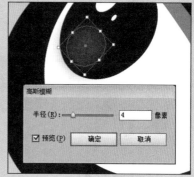

图 8-51　绘制椭圆　　　　　　　　　　　图 8-52　添加高斯模糊效果

14 使用【钢笔工具】 🖉 绘制线段，如图 8-53、图 8-54 所示。

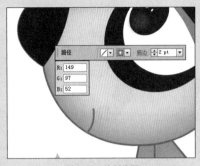

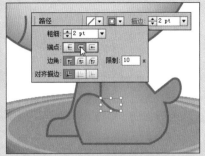

图 8-53 绘制线段 图 8-54 设置线段样式

15 绘制正圆并添加高斯模糊效果，如图 8-55、图 8-56 所示。

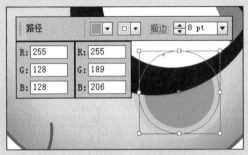

图 8-55 绘制正圆

图 8-56 添加高斯模糊效果

16 使用【钢笔工具】 绘制图形并在【渐变】面板中添加渐变效果，使用【渐变工具】 移动渐变中心点的位置，如图 8-57~ 图 8-59 所示。

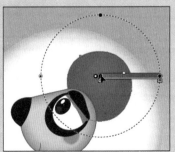

图 8-57 绘制图形 图 8-58 添加渐变 图 8-59 调整渐变中心点

17 将上一步的图形样式保存在【图形样式】面板中，如图 8-60 所示。创建上一步图形的相交图形，如图 8-61 所示。

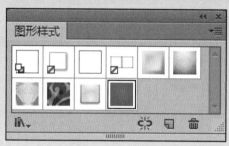

图 8-60　保存图形样式

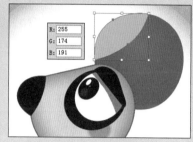

图 8-61　创建相交图形

18 为上一步的图形添加内发光效果，如图 8-62 所示。绘制图形，如图 8-63 所示。

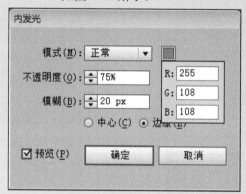

图 8-62　设置内发光参数

图 8-63　绘制图形

19 使用【画笔工具】☑绘制鱼鳞，如图 8-64 所示。选中图形，执行【编辑】|【复制】和【编辑】|【就地粘贴】命令复制图形，如图 8-65 所示。

图 8-64　绘制鱼鳞

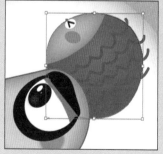

图 8-65　复制图形

20 配合 Shift 键加选鱼鳞，然后执行【对象】|【剪切蒙版】|【建立】命令，创建剪切蒙版，如图 8-66 所示。绘制鱼尾并添加图形样式，如图 8-67 所示。

图 8-66　创建剪切蒙版

图 8-67　绘制图形并添加图形样式

21 复制上一步创建的图形并调整填充色，如图 8-68 所示。使用【画笔工具】☑绘制鱼尾装饰，如图 8-69 所示。

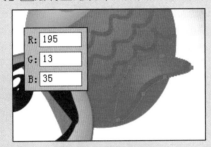
图 8-68　调整填充色

图 8-69　绘制图形

22 使用【矩形工具】▣绘制矩形，如图 8-70 所示。执行【效果】|【风格化】|【涂抹】命令，在弹出的对话框中进行设置，如图 8-71 所示，创建涂抹效果。

图 8-70　绘制矩形

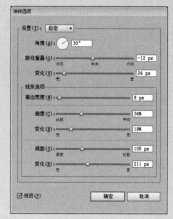

图 8-71　设置涂抹参数

23 使用【圆角矩形工具】◻绘制图形，完成本实例的制作，如图 8-72、图 8-73 所示。

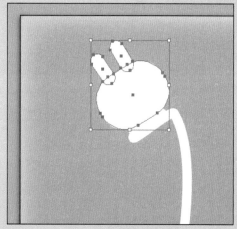

图 8-72　绘制图形

图 8-73　完成效果图

强化训练

项目名称　绘制雪屋插图

项目需求

受某企业委托制作书籍插图，要求美观简洁，给人一种可爱的感觉，与书籍的内容相符，与整本书的风格一致，在阅读图书时能给读者舒适自然的感觉，具有画面感和品质感。

项目分析

整幅插图的设计，背景采用了冷色调，来表现冬天的寒冷；屋子是暖色调，炊烟袅袅，与背景形成强烈的对比，使整个画面看起来简洁可爱，给人温暖的感觉。

项目效果

项目效果如图 8-74 所示。

图 8-74　创意插图效果

操作提示

01 使用工具绘制房屋的形状，使用渐变增加立体感。

02 执行【对象】|【混合】命令制作积雪。

CHAPTER 09

UI 图标设计

本章概述 SUMMARY

图标分为色彩绚丽型和极简会意型两种。游戏类的图标大都要求颜色丰富，充满动感，极具吸引力。应用类的图标大都要求简洁明快，主题突出。主要思路：突出功能，突出用途，突出品牌。图标颜色五花八门，丰富多样，但大部分都是基于红色、蓝色、绿色、白色搭配而成。白色给人清晰、简洁的美感，红色充满热情活力，蓝色让人觉得可信任，绿色给人以健康、自然的印象。要根据自己的应用选择合适的颜色，这样才能事半功倍。

■ 学习目标

∨ 熟练使用【变形工具】。

∨ 利用图层的先后顺序制作立体效果。

∨ 学会使用剪切蒙版创建图形。

∨ 熟练应用【高斯模糊】命令。

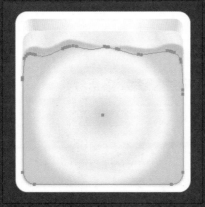

◎创建水波纹效果

◎制作梦幻环境效果

9.1 创建水波纹效果

首先绘制圆角矩形，通过复制并移动矩形的位置，调整填充效果，创建立体矩形盒子。然后使用【变形工具】 涂抹矩形，创建水波纹效果。

01 启动 Illustrator CC，执行【文件】|【新建】命令，在弹出的【新建文档】对话框中进行设置，然后单击【确定】按钮，新建文档，如图 9-1 所示。

02 使用【矩形工具】 在画板中单击，在弹出的【矩形】对话框中进行设置，然后单击【确定】按钮，创建矩形，如图 9-2 所示。

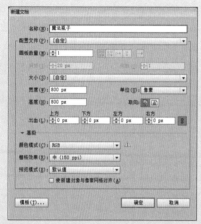

图 9-1 新建文档

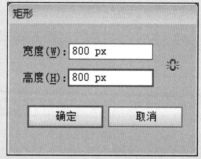

图 9-2 绘制矩形

03 取消矩形轮廓色，并设置填充色为黑色，在属性栏中设置对齐目标，单击【水平居中对齐】按钮 和【垂直居中对齐】按钮 ，调整矩形的对齐，如图 9-3 所示。

04 使用【圆角矩形工具】 在画板中单击，在弹出的【圆角矩形】对话框中进行设置，创建圆角矩形，设置填充为白色并取消轮廓色，如图 9-4 所示。

图 9-3 设置对齐

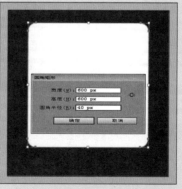

图 9-4 绘制矩形

05 配合 Alt+Shift 组合键垂直向下复制并移动图形，如图 9-5 所示。在【渐变】面板中添加线性渐变，如图 9-6 所示。

图 9-5 复制并移动图形

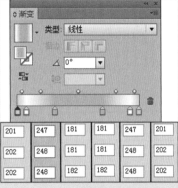

图 9-6 添加线性渐变

06 调整图层顺序，如图 9-7 所示。

07 继续创建圆角矩形，配合 Shift 键加选白色圆角矩形，如图 9-8 所示。

图 9-7 调整图层顺序

图 9-8 选中图形

08 单击白色圆角矩形，如图 9-9 所示。然后单击【水平居中对齐】按钮和【垂直居中对齐】按钮，调整矩形的对齐，如图 9-10 所示。

图 9-9 单击圆角矩形

图 9-10 调整图形的对齐

09 在【渐变】面板中调整渐变颜色，如图 9-11 所示。使用【渐变工具】▣调整渐变中心点的位置，如图 9-12 所示。

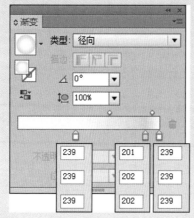

图 9-11　调整渐变颜色

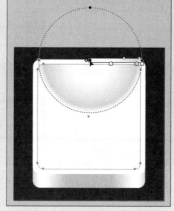

图 9-12　调整渐变中心点的位置

10 继续创建圆角矩形，如图 9-13 所示。为圆角矩形添加渐变填充效果，如图 9-14 所示。

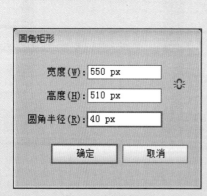

图 9-13　绘制圆角矩形

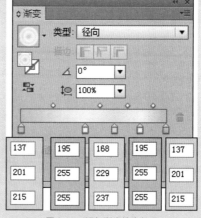

图 9-14　添加渐变填充效果

11 使用【渐变工具】▣移动渐变中心点的位置，如图 9-15 所示。在属性栏中调整图形透明度，如图 9-16 所示。

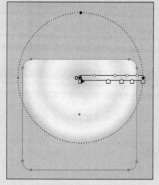

图 9-15　调整渐变中心点的位置

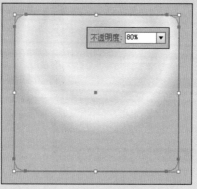

图 9-16　调整图形透明度

12 配合 Shift 键加选径向渐变填充圆角矩形，然后继续单击径向渐变填充圆角矩形，如图 9-17、图 9-18 所示。

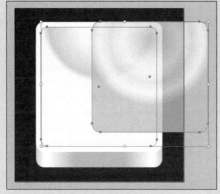

图 9-17　加选图形

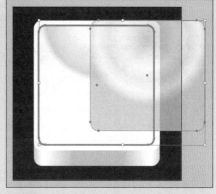

图 9-18　渐变填充

13 单击【水平居中对齐】按钮 和【垂直底对齐】按钮 调整图形的对齐，如图 9-19 所示。在【图层】面板中将该图层拖至面板底部的【创建新图层】按钮 上复制图层，如图 9-20 所示。

图 9-19　调整图形的对齐

图 9-20　复制图层

14 调整圆角矩形的填充为纯色，如图 9-21 所示。双击【变形工具】，在弹出的【变形工具选项】对话框中进行设置，如图 9-22 所示。

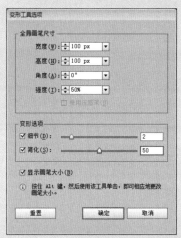

图 9-21　填充颜色　　　　　　图 9-22　设置变形工具选项参数

15 在圆角矩形顶部进行绘制，调整图形，如图 9-23 所示。执行【效果】|【模糊】|【高斯模糊】命令，在弹出的【高斯模糊】对话框中进行设置，然后单击【确定】按钮，模糊图形，如图 9-24 所示。

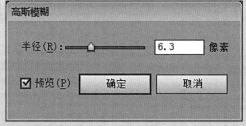

图 9-23　调整图形　　　　　　图 9-24　添加高斯模糊效果

16 执行【编辑】|【复制】命令和【编辑】|【就地粘贴】命令，复制图形，为图形添加径向渐变填充效果，如图 9-25、图 9-26 所示。

17 使用【变形工具】涂抹图形，如图 9-27 所示。在【外观】面板中删除【高斯模糊】效果，如图 9-28 所示。

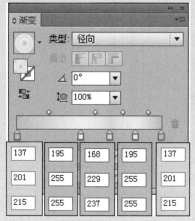

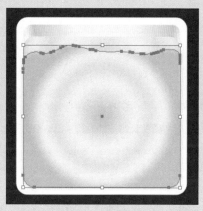

图 9-25　设置渐变参数

图 9-26　渐变效果

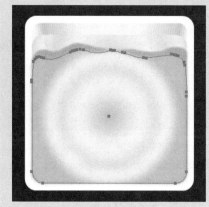

图 9-27　涂抹图形

图 9-28　删除【高斯模糊】效果

18 执行【效果】|【风格化】|【内发光】命令，在弹出的【内发光】对话框中进行设置，然后单击【确定】按钮，创建内发光效果，如图 9-29、图 9-30 所示。

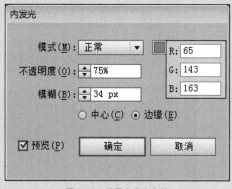

图 9-29　设置内发光参数

图 9-30　内发光效果

19 使用【文字工具】T添加文字信息，如图 9-31 所示。配合 Shift 键加选灰色渐变圆角矩形，如图 9-32 所示。

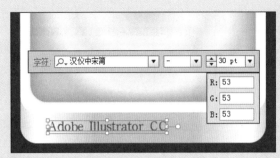

图 9-31　添加文本

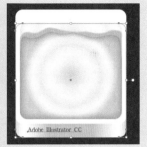

图 9-32　加选图形

⑳ 继续单击灰色渐变圆角矩形，单击属性栏中的【水平居中对齐】按钮，调整文字与图形的对齐，如图9-33、图9-34所示。

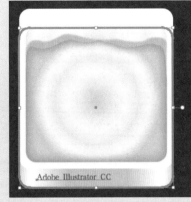

图 9-33　继续单击灰色渐变圆角矩形

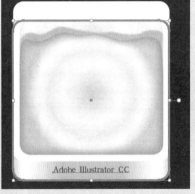

图 9-34　调整文字和图形位置

9.2　绘制立体瓶子效果

首先使用【椭圆工具】绘制瓶子，通过应用剪切蒙版创建不规则图形。然后绘制瓶子上的装饰图形并为其添加立体效果。

01 使用【椭圆工具】绘制椭圆，如图 9-35 所示。在【渐变】面板中设置渐变填充色，如图 9-36 所示。

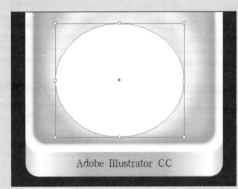

图 9-35　绘制椭圆

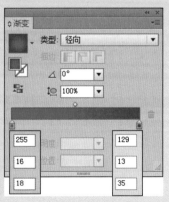

图 9-36　设置渐变参数

02 使用【渐变工具】■移动渐变中心点的位置，如图 9-37 所示。执行【效果】|【风格化】|【投影】命令，在弹出的【投影】对话框中进行设置，如图 9-38 所示，然后单击【确定】按钮，添加投影效果。

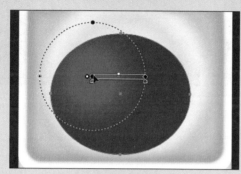

图 9-37　调整渐变中心点

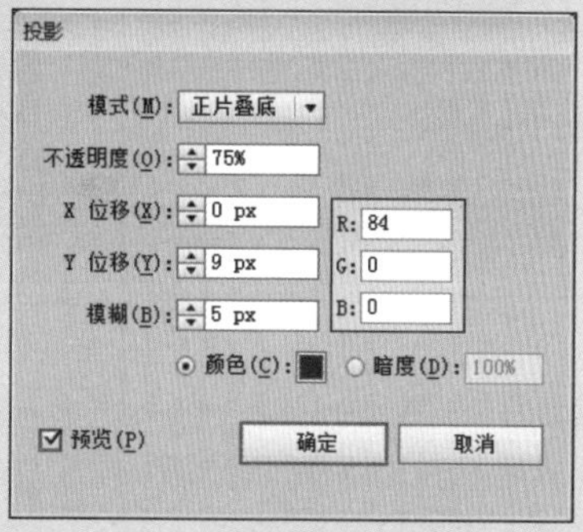

图 9-38　设置投影参数

03 执行【效果】|【风格化】|【外发光】命令，在弹出的【外发光】对话框中进行设置，然后单击【确定】按钮，添加外发光效果，如图 9-39、图 9-40 所示。

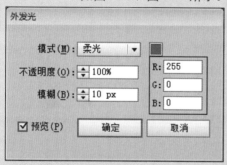

图 9-39　设置外发光参数

图 9-40　外发光效果

04 使用【椭圆工具】◉绘制椭圆，旋转椭圆，如图 9-41、图 9-42 所示。

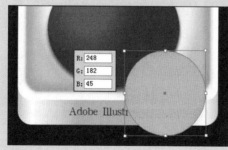

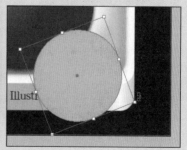

图 9-41　绘制图形

图 9-42　旋转图形

05 在【透明度】面板中调整图层混合模式为【强光】，效果如图 9-43 所示。

06 执行【效果】|【模糊】|【高斯模糊】命令，为图形添加模糊效果，模糊半径为 24 像素，效果如图 9-44 所示。

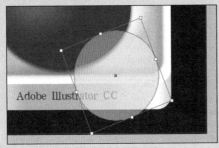

图 9-43　调整图层混合模式

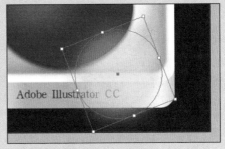

图 9-44　添加模糊效果

07 选中红色椭圆，执行【编辑】|【复制】命令和【编辑】|【就地粘贴】命令，复制椭圆，如图 9-45 所示。在【外观】面板中清除外观效果，如图 9-46 所示。

图 9-45　复制图形

图 9-46　清除外观效果

08 配合 Shift 键加选黄色椭圆，如图 9-47 所示。执行【对象】|【剪切蒙版】|【建立】命令，创建剪切蒙版，如图 9-48 所示。

图 9-47　选中图形

图 9-48　创建剪切蒙版

09 继续复制图形所在图层，如图 9-49 所示。并调整图层顺序，如图 9-50 所示。

10 在【渐变】面板中调整渐变颜色，如图 9-51 所示。移动并旋转渐变中心点的位置，如图 9-52 所示。

图 9-49　复制图形

图 9-50　调整图层顺序

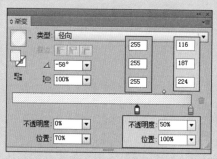

图 9-51　调整渐变颜色

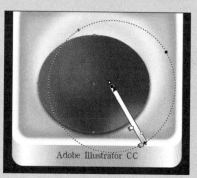

图 9-52　调整渐变中心点

11 执行【编辑】|【复制】命令和【编辑】|【就地粘贴】命令，复制上一步创建的椭圆，在【渐变】面板中调整渐变颜色，如图 9-53 所示。移动并旋转渐变中心点的位置，如图 9-54 所示。

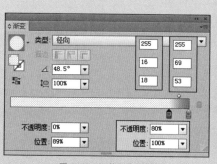

图 9-53　调整渐变颜色

图 9-54　调整渐变中心点

12 使用【椭圆工具】◎绘制椭圆，配合 Alt+Shift 组合键垂直向上复制并移动图形，如图 9-55、图 9-56 所示。

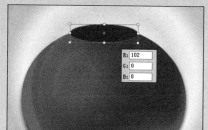

图 9-55　绘制图形

图 9-56　复制并移动图形

13 配合 Alt 键分别调整椭圆的高度和宽度，如图 9-57 所示。
使用【直接选择工具】选中并删除锚点，如图 9-58 所示。

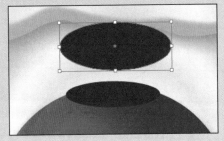

图 9-57　调整图形　　　　　　　　图 9-58　删除锚点

14 删除最上方的参照椭圆，使用【钢笔工具】重新连接并
闭合路径，如图 9-59 所示。执行【效果】|【风格化】|【内发光】
命令，在弹出的【内发光】对话框中进行设置，如图 9-60 所示，
然后单击【确定】按钮，添加内发光效果。

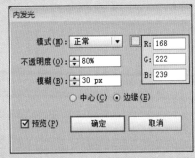

图 9-59　重新连接并闭合路径　　　　图 9-60　添加内发光效果

15 使用【椭圆工具】绘制椭圆。执行【编辑】|【复制】命
令和【编辑】|【就地粘贴】命令，复制上一步创建的椭圆，如图 9-61
所示。配合 Shift+Alt 组合键等比例中心缩小椭圆，如图 9-62 所示。

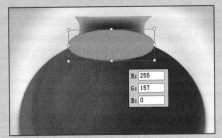
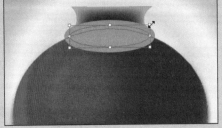

图 9-61　绘制图形　　　　　　　　图 9-62　调整图形

16 配合 Shift 键加选下方的椭圆，如图 9-63 所示。单击【路径
查找器】面板中的【减去顶层】按钮，修剪图层，如图 9-64
所示。

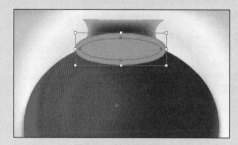

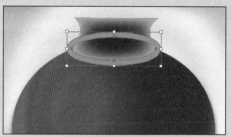

图 9-63　加选下方图形　　　　　　　　　　　图 9-64　修剪图层

17 执行【效果】|3D|【凸出和斜角】命令，在弹出的【3D 凸出和斜角选项】对话框中进行设置，然后单击【确定】按钮，添加立体效果，如图 9-65、图 9-66 所示。

图 9-65　设置 3D 凸出和斜角选项参数

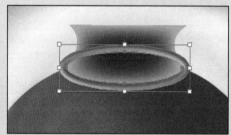

图 9-66　添加立体效果

18 执行【效果】|【风格化】|【投影】命令，在弹出的【投影】对话框中进行设置，然后单击【确定】按钮，添加投影效果，如图 9-67、图 9-68 所示。

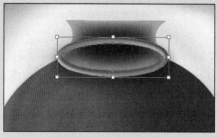

图 9-67　设置投影参数　　　　　　　　　　图 9-68　添加投影效果

19 选中下方的瓶口图形，执行【编辑】|【复制】命令和【编辑】|【就地粘贴】命令，复制图形，如图 9-69 所示。在属性栏中调整图形透明度，如图 9-70 所示。

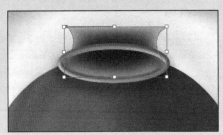

图 9-69　复制图形　　　　　　　　　　　图 9-70　调整图形透明度

20 使用【矩形工具】 □ 绘制矩形，如图 9-71 所示。为矩形添加黑到白的渐变，如图 9-72 所示。

图 9-71　绘制图形　　　　　　　　　　　　图 9-72　添加渐变

21 在【图层】面板中配合 Shift 键加选下方图层，在【透明度】面板中制作蒙版，如图 9-73、图 9-74 所示。

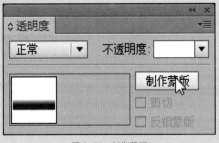

图 9-73　加选下方图层　　　　　　　　　　图 9-74　制作蒙版

22 使用【椭圆工具】 ◎ 绘制椭圆，如图 9-75 所示。在【渐变】面板中设置渐变填充效果，如图 9-76 所示。

23 执行【编辑】|【复制】命令和【编辑】|【就地粘贴】命令，复制上一步创建的椭圆，调整椭圆的填充色，如图 9-77 所示。执行【效果】|【风格化】|【内发光】命令，在弹出的【内发光】

对话框中进行设置，如图 9-78 所示。然后单击【确定】按钮，
添加内发光效果。

图 9-75　绘制图形

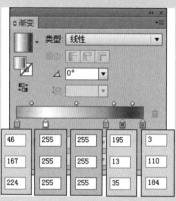

图 9-76　设置渐变填充参数

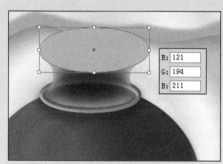

图 9-77　复制图形

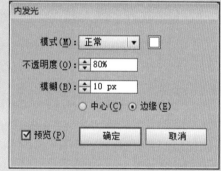

图 9-78　设置内发光参数

24 在属性栏中调整图形透明度，如图 9-79 所示。使用【椭圆工具】◎绘制椭圆，如图 9-80 所示。

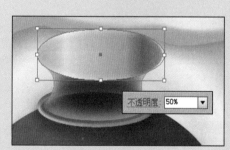

图 9-79　调整透明度

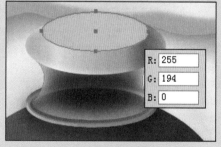

图 9-80　绘制椭圆

25 使用【矩形工具】▭绘制矩形，使用【直接选择工具】▷移动锚点的位置，如图 9-81、图 9-82 所示。

26 使用【选择工具】▶配合 Shift 键加选黄色椭圆，单击【路径查找器】面板中的【联集】按钮▣，创建相交图形，如图 9-83、图 9-84 所示。

图 9-81　绘制矩形

图 9-82　移动锚点

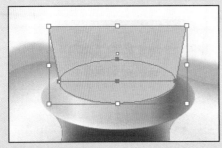

图 9-83　加选图形

图 9-84　创建相交图形

27 执行【效果】|【风格化】|【内发光】命令，为图形添加内
发光效果，如图 9-85、图 9-86 所示。

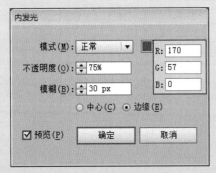

图 9-85　设置内发光效果参数

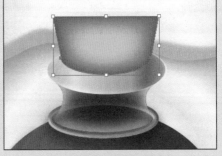

图 9-86　内发光效果

28 选中蓝色椭圆，执行【编辑】|【复制】命令和【编辑】|【就
地粘贴】命令，复制椭圆，如图 9-87 所示。使用【钢笔工具】
在椭圆路径上单击添加锚点，如图 9-88 所示。

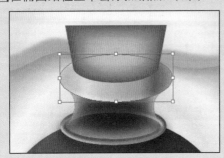

图 9-87　复制图形

图 9-88　添加锚点

29 使用【直接选择工具】选中并删除锚点，如图 9-89、图 9-90 所示。

图 9-89　选中锚点　　　　　　　　　　　　　图 9-90　删除锚点

30 设置描边为白色并在属性栏中设置描边大小，如图 9-91 所示。执行【效果】|【模糊】|【高斯模糊】命令，在弹出的【高斯模糊】对话框中进行设置，然后单击【确定】按钮，添加高斯模糊效果，如图 9-92 所示。

图 9-91　设置描边大小　　　　　　　　　　　图 9-92　设置高斯模糊参数

31 选中图形并执行【编辑】|【复制】命令和【编辑】|【就地粘贴】命令，复制图形，如图 9-93 所示。使用【直接选择工具】选中并删除锚点，如图 9-94 所示。

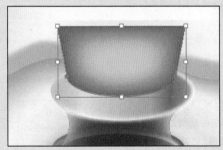

图 9-93　复制图形　　　　　　　　　　　　　图 9-94　删除锚点

32 设置描边色为黑色并在属性栏中调整描边大小，如图 9-95 所示。执行【效果】|【模糊】|【高斯模糊】命令，在弹出的【高斯模糊】对话框中进行设置，然后单击【确定】按钮，应用高斯模糊效果，如图 9-96 所示。

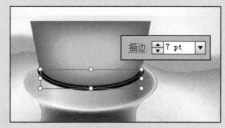

图 9-95　调整描边大小

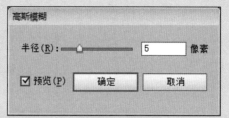

图 9-96　设置高斯模糊参数

33 继续使用【钢笔工具】绘制图形，如图 9-97 所示。选中
图形并执行【编辑】|【复制】命令和【编辑】|【就地粘贴】命令，
复制图形，如图 9-98 所示。

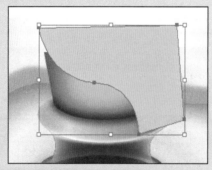

图 9-97　绘制图形

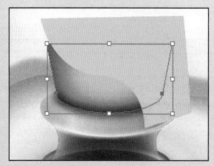

图 9-98　复制图形

34 配合 Shift 键加选上一步绘制的图形，如图 9-99 所示。创建
相交图形，如图 9-100 所示。

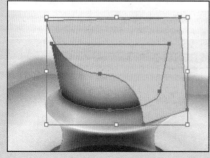

图 9-99　加选图形

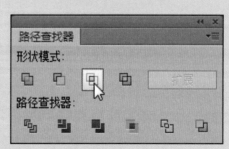

图 9-100　创建相交图形

35 为相交得到的图形添加渐变填充效果，如图 9-101、图 9-102 所示。

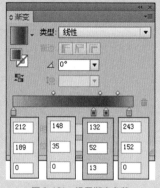
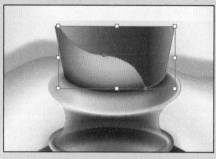

图 9-101　设置渐变参数　　　　　图 9-102　渐变填充效果

36 使用【椭圆工具】◎ 绘制椭圆，在【渐变】面板中设置渐变填充效果，如图 9-103、图 9-104 所示。

图 9-103　绘制图形　　　　　　图 9-104　设置渐变参数

37 执行【编辑】|【复制】命令和【编辑】|【就地粘贴】命令，复制上一步的椭圆图形，取消填充色并调整轮廓色，如图 9-105 所示。使用【直接选择工具】▷ 选中椭圆的 1/4 路径，然后使用 Delete 键删除路径，如图 9-106 所示。

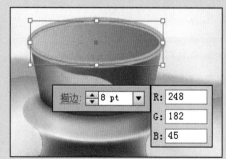
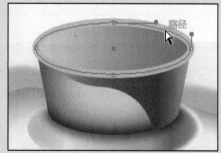

图 9-105　调整轮廓色　　　　　　图 9-106　删除路径

38 执行【效果】|【模糊】|【高斯模糊】命令，为路径添加高斯模糊效果，如图 9-107、图 9-108 所示。

图 9-107　设置高斯模糊参数

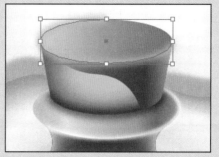

图 9-108　高斯模糊效果

39 复制之前创建的渐变椭圆，并调整图层顺序，如图 9-109、图 9-110 所示。

图 9-109　复制图形

图 9-110　调整图层顺序

40 配合 Shift 键加选下方的图层，然后执行【对象】|【剪切蒙版】|【建立】命令，创建剪切蒙版，如图 9-111、图 9-112 所示。

图 9-111　加选下方图层

图 9-112　创建剪切蒙版

41 复制上一步中的图层并调整图层顺序，如图 9-113、图 9-114 所示。

图 9-113　复制图层

图 9-114　调整图层顺序

42 在【外观】面板中调整描边和高斯模糊效果，如图 9-115、图 9-116 所示。

图 9-115 调整描边　　　　　　　　　　图 9-116 调整高斯模糊效果

43 绘制椭圆图形并添加内发光效果，如图 9-117、图 9-118 所示。

图 9-117 绘制图形

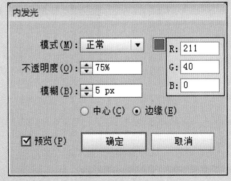

图 9-118 设置内发光参数

44 绘制椭圆图形并添加内发光效果，如图 9-119、图 9-120 所示。

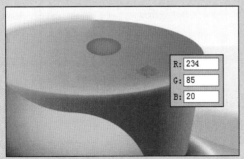

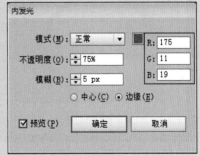

图 9-119 绘制图形　　　　　　　　　　图 9-120 设置内发光效果

绘制椭圆图形并添加内发光效果，如图9-121、图9-122所示。

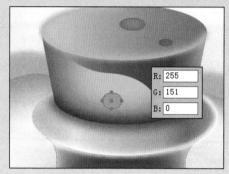

图 9-121 绘制图形

图 9-122 设置内发光效果参数

46 绘制椭圆图形并添加内发光效果，如图9-123、图9-124所示。

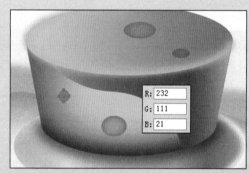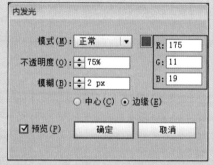

图 9-123 绘制图形

图 9-124 设置内发光效果

47 使用【椭圆工具】绘制椭圆，如图9-125所示。在【渐变】
面板中设置径向渐变填充效果，如图9-126所示。

Adobe Illustrator CC

图 9-125 绘制图形

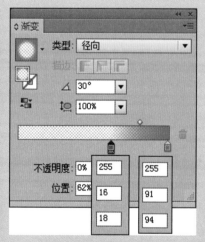

图 9-126 设置渐变参数

48 使用前面介绍的方法，为图形添加高斯模糊效果，如图 9-127、图 9-128 所示。

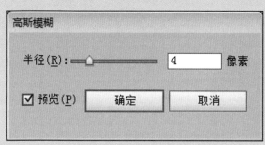

图 9-127　设置高斯模糊参数　　　　　　　图 9-128　高斯模糊效果

49 使用【钢笔工具】 ✐ 绘制路径，并在属性栏中调整路径，如图 9-129 所示。为路径添加高斯模糊效果，如图 9-130 所示。

图 9-129　绘制并调整路径　　　　　　　　图 9-130　设置高斯模糊参数

50 复制并配合 Shift 键等比例缩小上一步创建的路径，如图 9-131 所示。在属性栏中调整路径，如图 9-132 所示。

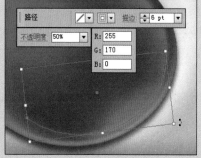

图 9-131　复制路径　　　　　　　　　　　图 9-132　调整路径

51 使用【椭圆工具】 ⬭ 配合 Shift 键绘制正圆图形，如图 9-133 所示。执行【对象】|【扩展】命令，在弹出的【扩展】对话框中单击【确定】按钮，将路径转换为图形，如图 9-134 所示。

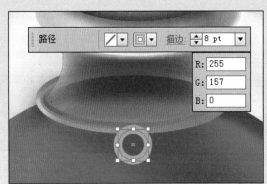

图 9-133 绘制图形

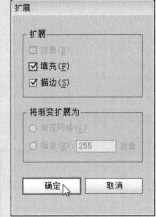

图 9-134 将路径转换为图形

52 调整图层顺序，如图 9-135 所示。

图 9-135 调整图层顺序

53 执行【效果】|3D|【凸出和斜角】命令，在弹出的对话框中
进行设置，然后单击【确定】按钮，创建立体图形，如图 9-136
所示。执行【效果】|【风格化】|【投影】命令，在弹出的【投影】
对话框中进行设置，如图 9-137 所示。然后单击【确定】按钮，
创建投影效果。

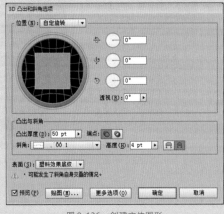

图 9-136 创建立体图形

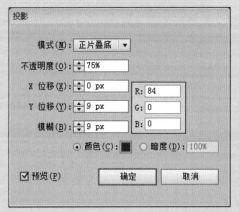

图 9-137 设置投影参数

54 使用【星形工具】☆在画板中单击，在弹出的【星形】对话框中设置边数，然后配合 Shift+Alt 组合键绘制星形，如图 9-138、图 9-139 所示。

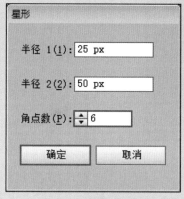

图 9-138　设置星形参数

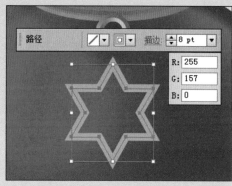

图 9-139　绘制星形

55 执行【对象】|【扩展】命令，在弹出的【扩展】对话框中单击【确定】按钮，将路径转换为图形，如图 9-140 所示。

56 配合 Alt 键复制圆环的图层样式，如图 9-141 所示。

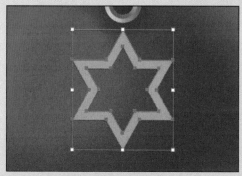

图 9-140　将路径转换为图形

图 9-141　复制图层样式

57 使用【多边形工具】◉配合 Shift 键绘制正多边形，如图 9-142 所示。执行【对象】|【扩展】命令，在弹出的【扩展】对话框中单击【确定】按钮，将路径转换为图形。

图 9-142　绘制正多边形

58 选中上一步创建的图层并配合 Alt 键复制六角星的图层样式，如图 9-143 所示。

图 9-143　复制图层样式

59 使用【圆角矩形工具】▢在画板中单击，在弹出的【圆角矩形】对话框中设置圆角半径，然后单击【确定】按钮，创建圆角矩形，如图 9-144、图 9-145 所示。

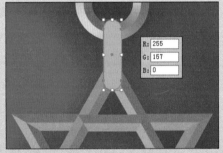

图 9-144　设置圆角矩形参数　　　　图 9-145　创建圆角矩形

60 使用前面介绍的方法，配合 Alt 键复制图层样式，如图 9-146 所示。

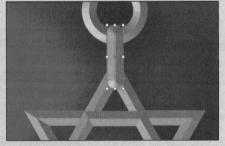

图 9-146　复制图层样式

61 使用【椭圆工具】配合 Shift 键绘制正圆图形，复制正圆并配合 Shift 键等比例缩小正圆图形，如图 9-147、图 9-148 所示。

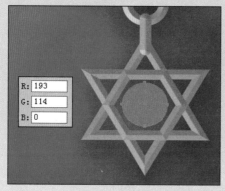

图 9-147　绘制图形

图 9-148　缩小正圆图形

62　配合Shift键加选下方的正圆，单击【路径查找器】面板中的【减去顶层】按钮，修剪图形，如图 9-149 所示。

63　使用同样方法再次制作图形并填充颜色，如图 9-150 所示。

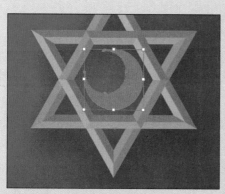

图 9-149　修剪图形

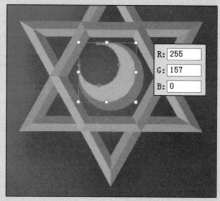

图 9-150　制作图形并填充颜色

9.3　制作梦幻环境效果

首先绘制白色椭圆并应用【变形】和【高斯模糊】命令，创建高光效果。然后应用【涂抹】命令创建光线。最后创建自定义符号绘制光斑。

01　使用【椭圆工具】绘制并旋转椭圆，执行【效果】|【模糊】|【高斯模糊】命令，添加高斯模糊效果，设置高斯模糊【半径】为 5 像素，如图 9-151 所示。

02　继续绘制椭圆并在属性栏中调整图层透明度，如图 9-152 所示。

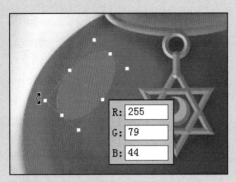

图 9-151 添加高斯模糊效果

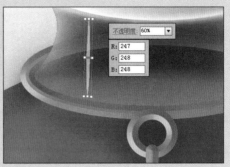

图 9-152 调整图层透明度

03 执行【效果】|【变形】|【弧形】命令，在弹出的【变形选项】
对话框中进行设置，如图 9-153 所示。然后单击【确定】按钮，
创建变形效果。

04 继续为椭圆变形图层添加高斯模糊效果，设置高斯模糊【半
径】为 3 像素，如图 9-154 所示。

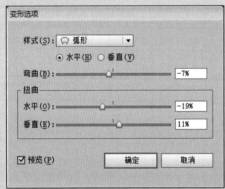

图 9-153 创建变形效果

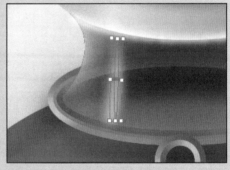

图 9-154 添加高斯模糊效果

05 继续使用【椭圆工具】◎绘制椭圆并添加变形效果，如
图 9-155、图 9-156 所示。

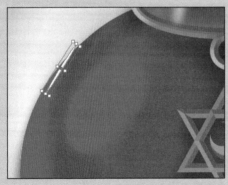

图 9-155 绘制图形

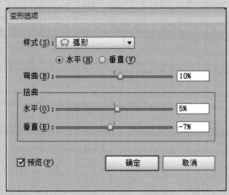

图 9-156 设置变形参数

06 添加高斯模糊效果，设置高斯模糊【半径】为 2 像素，如

图 9-157 所示。

07 继续使用【椭圆工具】◎绘制椭圆并添加高斯模糊效果，设置高斯模糊【半径】为 5 像素，如图 9-158 所示。

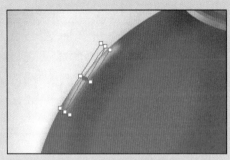

图 9-157　添加高斯模糊效果　　　　　　　图 9-158　添加高斯模糊效果

08 继续使用【椭圆工具】◎绘制椭圆，复制并缩小椭圆，如图 9-159、图 9-160 所示。

图 9-159　绘制图形　　　　　　　　　图 9-160　复制并缩小图形

09 配合 Shift 键加选下方的椭圆，单击【路径查找器】面板中的【减去顶层】按钮◻，修剪图形，如图 9-161、图 9-162 所示。

图 9-161　加选下方图形　　　　　　　　图 9-162　修剪图形

10 为上一步创建的图形添加高斯模糊效果，设置高斯模糊【半径】为 5 像素，如图 9-163 所示。使用【椭圆工具】◎在画板中单击创建正圆，如图 9-164 所示。

图 9-163　添加高斯模糊效果

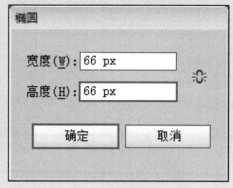

图 9-164　创建正圆

11 在【渐变】面板中添加渐变填充效果，如图 9-165 所示。

12 为上一步创建的正圆添加高斯模糊效果。设置高斯模糊【半径】为 6 像素，如图 9-166 所示。

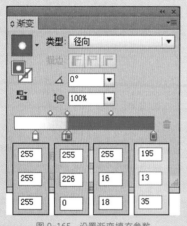

图 9-165　设置渐变填充参数

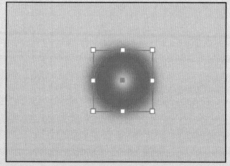

图 9-166　添加高斯模糊效果

13 在【符号】面板中将正圆图形定义为符号，如图 9-167、图 9-168 所示。

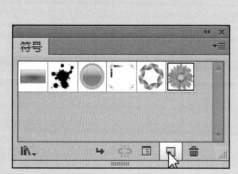

图 9-167　【符号】面板

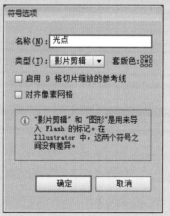

图 9-168　定义为符号

14 使用【符号喷枪工具】🔲绘制光点，如图 9-169 所示。使用【符号缩放工具】🔲配合 Alt 键缩小光点，如图 9-170 所示。

图 9-169　绘制光点

图 9-170　缩小光点

15 创 建 正 圆 图 形 并 添 加 高 斯 模 糊 效 果，如 图 9-171、图 9-172 所示。

图 9-171　创建正圆图形

图 9-172　设置高斯模糊参数

16 复制、缩小上一步创建的图形并移动其位置，如图 9-173 所示。继续创建正圆图形，如图 9-174 所示。

图 9-173　复制图形

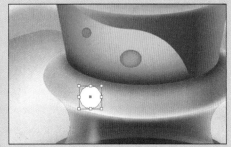

图 9-174　创建正圆图形

17 为上一步创建的图形添加高斯模糊效果，如图 9-175、图 9-176 所示。

18 复制图层，并为图层上的图形添加渐变填充效果，如图 9-177、图 9-178 所示。

图 9-175　设置高斯模糊参数

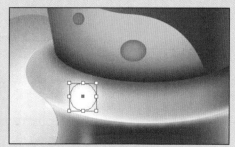

图 9-176　添加高斯模糊效果

图 9-177　复制图层

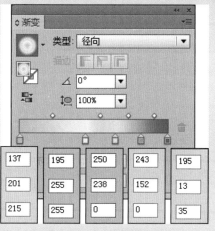

图 9-178　添加渐变填充效果

19 使用【钢笔工具】 ✐ 绘制图形，如图 9-179 所示。为其添加黑色到白色的渐变，如图 9-180 所示。

图 9-179　绘制图形

图 9-180　添加渐变

20 配合 Shift 键加选红色渐变，单击【透明度】面板中的【制作蒙版】按钮，创建图形的渐隐效果，如图 9-181、图 9-182 所示。

图 9-181　加选红色渐变

图 9-182　创建图形的渐隐效果

21 使用【圆角矩形工具】◻ 创建圆角矩形，如图 9-183 所示。

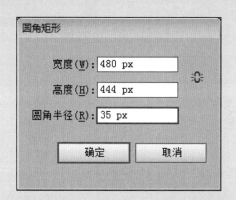

图 9-183　创建圆角矩形

22 执行【效果】|【风格化】|【涂抹】命令,在弹出的【涂抹选项】对话框中进行设置,然后单击【确定】按钮,添加涂抹效果,如图 9-184、图 9-185 所示。

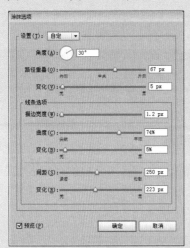

图 9-184　设置涂抹选项参数　　　　　图 9-185　涂抹效果

23 继续为涂抹后的图形添加高斯模糊效果,完成本实例的制作,如图 9-186、图 9-187 所示。

图 9-186　设置高斯模糊参数

图 9-187　完成制作效果图

CHAPTER 10

海报设计

本章概述 SUMMARY

海报是一种信息传递的艺术，是一种大众化的宣传工具。海报设计总的要求是使人一目了然。一般的海报通常含有通知性，所以主题应该明确（如 xx 比赛、打折等），接着以最简洁的语句概括出如时间、地点、附注等主要内容。海报的插图、布局的美观通常是吸引眼球的好方法。

■ 学习目标

√ 熟悉绘图工具。

√ 利用图层混合模式制作真实效果。

√ 学会给文字添加渐变填充效果。

√ 熟练应用外发光与内发光效果。

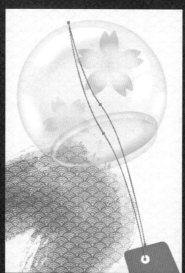

◎制作过程图展示

◎海报制作最终效果图

10.1   创建古典海报背景

首先绘制并调整正圆，创建复古水纹图形。然后将水纹定义为图案并为与画板等大的矩形添加水纹图案填充效果。最后添加水墨素材，通过调整图层混合模式丰富背景层次。

01 启动 Illustrator CC，执行【文件】|【新建】命令，在弹出的【新建文档】对话框中进行设置，然后单击【确定】按钮，新建文档。使用【椭圆工具】⊙在画板中单击，在弹出的【椭圆】对话框中进行设置，然后单击【确定】按钮，创建正圆图形。

02 使用【选择工具】▶选中正圆图形并在属性栏中调整填充和轮廓，如图 10-1 所示。

03 执行【编辑】|【复制】命令和【编辑】|【贴在前面】命令，复制图形并在属性栏中调整图形，如图 10-2 所示。

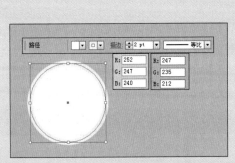

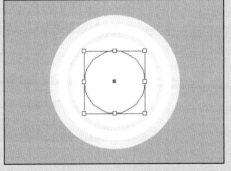

图 10-1   调整填充和轮廓   图 10-2   复制图形

04 使用同样方法再次复制两个正圆图形，并在属性栏中调整图形，如图 10-3 所示。

05 执行【对象】|【变换】|【再次变换】命令，复制图形。选中所有正圆图形，执行【对象】|【编组】命令，将图形进行编组，如图 10-4 所示。

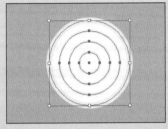

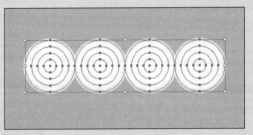

图 10-3   复制图形   图 10-4   图形编组

06 复制图形组并调整其至合适位置，如图 10-5 所示。

07 执行【对象】|【排列】|【后移一层】命令，调整图层顺序。

选中所有正圆，执行【对象】|【编组】命令，将图形进行编组，如图 10-6 所示。

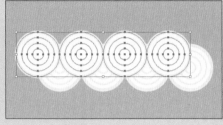

图 10-5　复制图形组

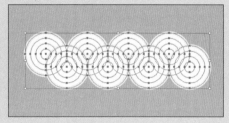

图 10-6　编组图形

08 使用同样方法复制图形组，调整之间的图层顺序及具体位置，最终效果如图 10-7 所示。

09 使用【矩形工具】▣在画板中单击，在弹出的【矩形】对话框中进行设置，然后单击【确定】按钮，创建矩形，如图 10-8 所示。

图 10-7　调整图层顺序及位置

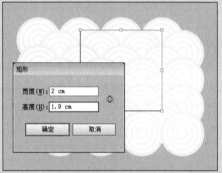

图 10-8　创建矩形

10 使用【选择工具】▸框选矩形和椭圆，如图 10-9 所示。执行【对象】|【剪切蒙版】|【建立】命令，创建剪切蒙版，如图 10-10 所示。

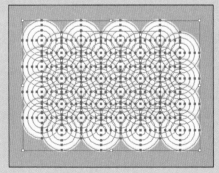

图 10-9　框选图形

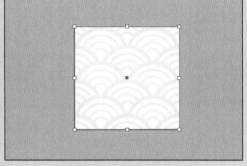

图 10-10　创建剪切蒙版

11 执行【对象】|【图案】|【建立】命令，在弹出的对话框中单击【确定】按钮，如图 10-11 所示。

⓬ 在【图案选项】面板中设置底纹的高度和宽度,然后单击
文档名称下的【完成】按钮,保存图案,如图 10-12 所示。

图 10-11　添加图案到【色板】面板中　　　　图 10-12　保存图案

⓭ 使用【矩形工具】▫在画板中单击,在弹出的【矩形】对
话框中设置矩形与画板相同大小,单击【确定】按钮,创建矩形,
取消矩形轮廓色,单击属性栏中的【水平居中对齐】按钮▣和【垂
直居中对齐】按钮▣,调整矩形与画板对齐,如图 10-13 所示。

⓮ 打开本章素材"水墨.jpg"文件,并将其拖至当前文档,配
合 Shift 键等比例缩小图像。在属性栏中单击【嵌入】按钮,取
消图像的超链接,调整图像的透明度,如图 10-14 所示。

 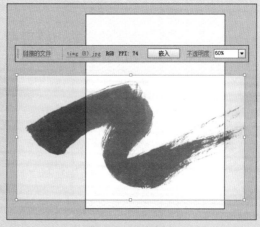

图 10-13　创建图形　　　　　　图 10-14　调整透明度

⓯ 在【透明度】面板中调整图层混合模式,如图 10-15 所示。

⓰ 使用【矩形工具】▫绘制矩形。配合 Shift 键加选水墨图像,

执行【对象】|【剪切蒙版】|【建立】命令，创建剪切蒙版，如
图 10-16 所示。

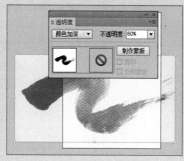
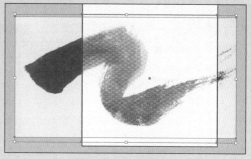

图 10-15　调整图层混合模式　　　　　　图 10-16　创建剪切蒙版

10.2　绘制日式风铃

首先使用【椭圆工具】◉绘制风铃，然后通过调整图层透明度和添加内发光效果，增强风铃立体感。最后创建自定义散点画笔工具绘制麻绳。

01 使用【椭圆工具】◉绘制椭圆并切换到【选择工具】▶旋转椭圆，如图 10-17 所示。

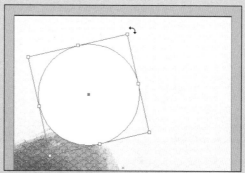

图 10-17　旋转椭圆

02 在【渐变】面板中旋转椭圆，如图 10-18 所示。

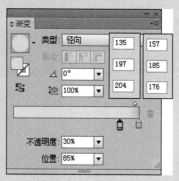

图 10-18　【渐变】面板

03 在属性栏中调整图形透明度，如图 10-19 所示。

04 使用【椭圆工具】◎绘制椭圆并切换到【选择工具】▶旋转椭圆，按 Ctrl+C 组合键、Ctrl+F 组合键，原处复制椭圆，并隐藏复制的图层，如图 10-20 所示。

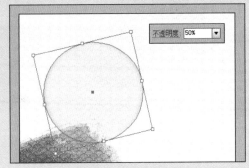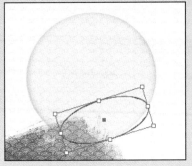

图 10-19　调整图形透明度　　　　图 10-20　隐藏复制的图层

05 使用【钢笔工具】✐绘制图形，选中椭圆，然后执行【对象】|【排列】|【置于顶层】命令，调整图层顺序，如图 10-21 所示。

06 配合 Shift 键加选不规则图形，单击【路径查找器】面板中的【减去顶层】按钮▣，修剪图形，如图 10-22 所示。

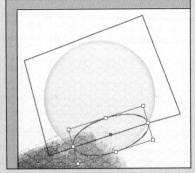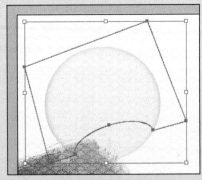

图 10-21　调整图层顺序　　　　图 10-22　修剪图形

07 配合 Shift 键加选下方的椭圆，执行【对象】|【剪切蒙版】|【建立】命令，创建剪切蒙版，如图 10-23 所示。

08 显示隐藏的图层，调整椭圆填充色并取消轮廓色，如图 10-24 所示。

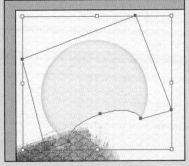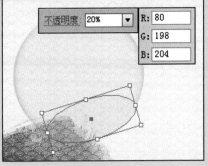

图 10-23　创建剪切蒙版　　　　图 10-24　显示并调整隐藏的图层

09 执行【效果】|【风格化】|【内发光】命令，在弹出的【内发光】对话框中进行设置，然后单击【确定】按钮，添加内发光效果，如图 10-25 所示。

10 配合 Alt 键复制椭圆图形。拉长图像的宽度，如图 10-26 所示。

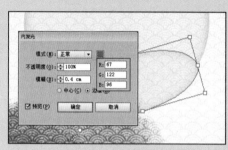

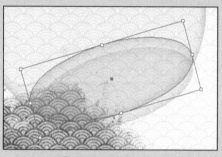

图 10-25　添加内发光效果　　　　　　　　　　　图 10-26　调整图形宽度

11 在【渐变】面板中调整渐变填充效果，如图 10-27 所示。在【外观】面板中调整内发光效果，如图 10-28 所示。

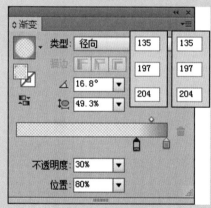

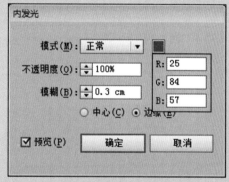

图 10-27　调整渐变填充效果　　　　　　　　　　图 10-28　调整内发光效果

12 使用【渐变工具】□移动渐变中心点的位置，如图 10-29 所示。使用【椭圆工具】◎绘制图形，如图 10-30 所示。

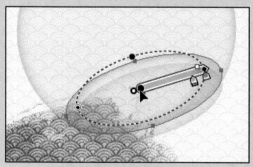

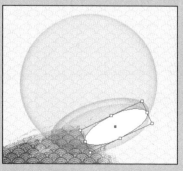

图 10-29　调整渐变中心点的位置　　　　　　　　图 10-30　绘制图形

13 在【渐变】面板中添加渐变填充效果，如图 10-31、图 10-32 所示。

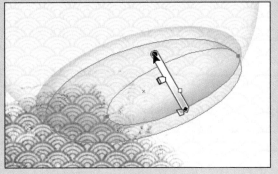

图 10-31　设置渐变填充参数　　　　图 10-32　调整中心点的位置

14 使用【钢笔工具】🖊绘制图形，如图 10-33 所示。执行【效果】|【风格化】|【高斯模糊】命令，添加高斯模糊效果，设置高斯模糊【半径】为 30 像素。

15 使用【椭圆工具】⭕配合 Shift 键绘制正圆，如图 10-34 所示。

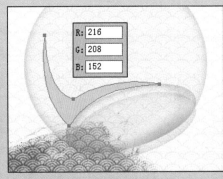

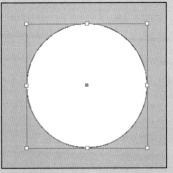

图 10-33　绘制图形　　　　　　　　图 10-34　绘制正圆

16 配合 Alt 键复制并移动正圆，如图 10-35 所示。

17 使用【选择工具】框选两个正圆图形，单击【路径查找器】面板中的【减去顶层】按钮🖿，修剪图形，如图 10-36 所示。

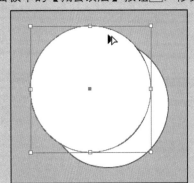

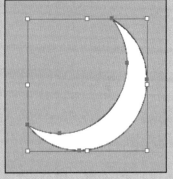

图 10-35　复制并移动图形　　　　　　图 10-36　修剪图形

18 使用【矩形工具】▢绘制并旋转矩形。配合 Shift 键选中下方的月牙形，单击【路径查找器】面板中的【减去顶层】按钮▣，修剪图形，如图 10-37、图 10-38 所示。

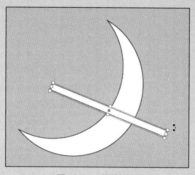

图 10-37　旋转矩形　　　　　　　　图 10-38　修剪图形

19 配合 Shift 键等比例缩小图形并移动图形的位置，如图 10-39 所示。执行【对象】|【取消编组】命令，拆分图形，如图 10-40 所示。

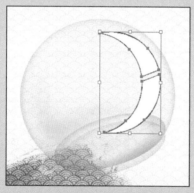

图 10-39　缩小图形　　　　　　　　图 10-40　拆分图形

20 在【渐变】面板中添加透明到白色的渐变，如图 10-41 所示。使用【渐变工具】▣调整渐变中心点的位置，如图 10-42 所示。

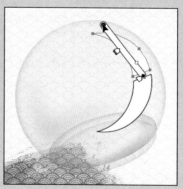

图 10-41　添加渐变　　　　　　　　图 10-42　调整中心点的位置

21 在【渐变】面板中添加透明到白色的渐变，如图 10-43
所示。使用【渐变工具】 调整渐变中心点的位置，如
图 10-44 所示。

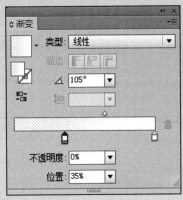

图 10-43　添加渐变

图 10-44　调整中心点的位置

22 使用【钢笔工具】 绘制路径，如图 10-45 所示。执行【效
果】|【模糊】|【高斯模糊】命令，添加高斯模糊效果，参数设
置如图 10-46 所示。

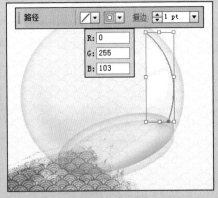

图 10-45　绘制路径

图 10-46　设置高斯模糊参数

23 使用【椭圆工具】 绘制椭圆，如图 10-47 所示。执行【效果】|
【变形】|【弧形】命令，在弹出的【变形选项】对话框中进行设置，
如图 10-48 所示。然后单击【确定】按钮，添加变形效果。

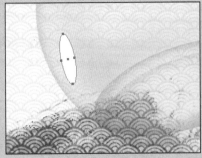

图 10-47　绘制图形

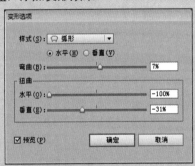

图 10-48　添加变形效果

24 为椭圆添加高斯模糊效果，如图 10-49 所示。使用同样方法制作其他几处的高光，绘制图形并添加高斯模糊效果，如图 10-50 所示。

图 10-49　添加高斯模糊效果　　　　图 10-50　绘制图形并添加高斯模糊效果

25 使用【钢笔工具】绘制图形并添加高斯模糊效果，如图 10-51 所示。

26 执行两次【对象】|【排列】|【后移一层】命令，调整图层顺序，如图 10-52 所示。

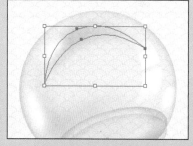

图 10-51　绘制图形并添加高斯模糊效果　　　　图 10-52　调整图层顺序

27 继续使用【钢笔工具】绘制图形并添加高斯模糊效果，如图 10-53、图 10-54 所示。

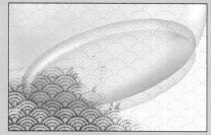

图 10-53　绘制图形　　　　图 10-54　高斯模糊效果

28 继续绘制图形并添加高斯模糊效果，如图 10-55、图 10-56 所示。

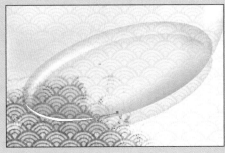

图 10-55 绘制图形

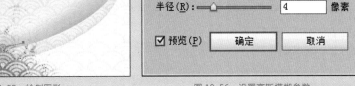

图 10-56 设置高斯模糊参数

㉙ 使用【钢笔工具】✎绘制图形,如图 10-57 所示。选择【旋转工具】↻,调整旋转中心点的位置,配合 Alt 键复制并旋转图形,如图 10-58 所示。

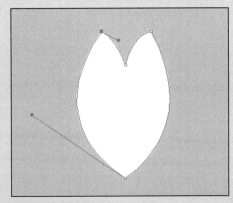

图 10-57 绘制图形

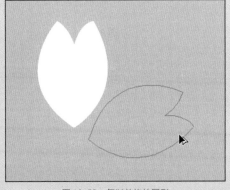

图 10-58 复制并旋转图形

㉚ 执行三次【对象】|【变换】|【再次变换】命令,继续复制并旋转图形,如图 10-59 所示。在【渐变】面板中设置透明到红色的渐变,如图 10-60 所示。

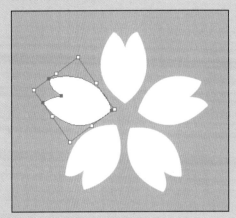

图 10-59 复制并旋转图形

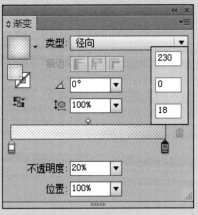

图 10-60 设置渐变参数

㉛ 使用【渐变工具】▣移动渐变中心点的位置,如图 10-61 所示。

选中图层外观并配合 Alt 键向下移动，复制图层外观样式，如图 10-62 所示。

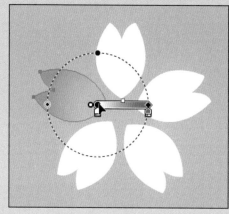

图 10-61　调整中心点的位置

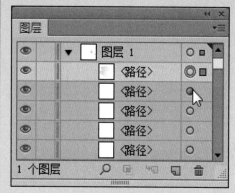

图 10-62　复制图层外观

32 使用【渐变工具】◨ 移动渐变中心点的位置，如图 10-63 所示。继续复制图层外观样式并移动渐变中心点的位置，执行【对象】|【编组】命令，将图形进行编组，如图 10-64 所示。

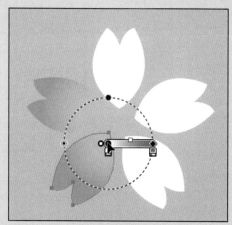

图 10-63　调整中心点的位置

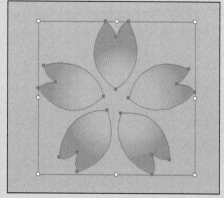

图 10-64　编组图形

33 框选图形，执行【对象】|【编组】命令，将图形进行编组，移动图形的位置，如图 10-65 所示。

34 使用【椭圆工具】◯ 配合 Shift 键绘制正圆图形，如图 10-66 所示。执行【效果】|【模糊】|【高斯模糊】命令，在弹出的对话框中设置高斯模糊【半径】为 25，然后单击【确定】按钮，添加高斯模糊效果。

35 执行【效果】|【纹理】|【颗粒】命令，在弹出的对话框中进行设置，然后单击【确定】按钮，添加颗粒效果，如图 10-67 所示。

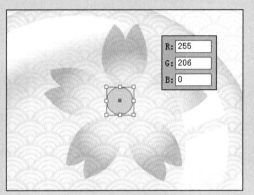

图 10-65　移动图形　　　　　　　　　　图 10-66　绘制图形

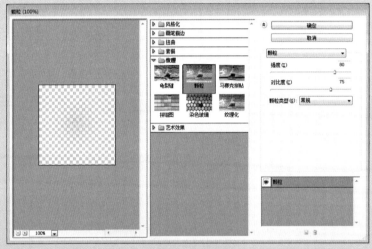

图 10-67　添加颗粒效果

36 复制前面创建的樱花图形，配合 Shift 键等比例缩小图形，
并设置透明到粉红色（R:236，G:114，B:151）的渐变填充效
果，如图 10-68 所示。在面板中调整高斯模糊效果，如图 10-69
所示。

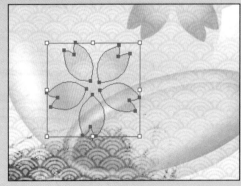

图 10-68　调整渐变填充效果　　　　　　图 10-69　调整高斯模糊效果

37 使用【圆角矩形工具】□绘制圆角半径为 0.3cm 的圆角矩形，设置颜色为玫红色（R:255，G:85，B:85），旋转圆角矩形，如图 10-70 所示。

38 使用【矩形工具】□绘制矩形，配合 Shift 键加选圆角矩形，单击【路径查找器】面板中的【减去顶层】按钮□，修剪图形，如图 10-71 所示。

图 10-70　旋转圆角矩形

图 10-71　修剪图形

39 使用【钢笔工具】☑在路径上添加锚点并调整路径，如图 10-72 所示。执行【效果】|【风格化】|【内发光】命令，在弹出的对话框中进行设置，如图 10-73 所示。然后单击【确定】按钮，添加内发光效果。

图 10-72　添加锚点并调整路径

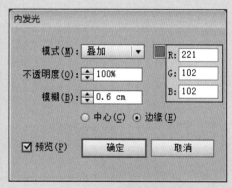

图 10-73　设置内发光参数

40 使用【椭圆工具】○配合 Shift 键绘制正圆图形，如图 10-74 所示。使用【钢笔工具】☑绘制图形，如图 10-75 所示。执行【编辑】|【复制】命令和【编辑】|【就地粘贴】命令，复制图形。

41 使用【钢笔工具】☑绘制图形，如图 10-76 所示。配合

Shift 键加选上一步复制的图形，单击【路径查找器】面板中的【交集】按钮回，创建相交图形并调整图形的填充色，如图 10-77 所示。

图 10-74 绘制正圆图形

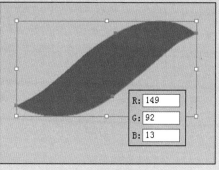

图 10-75 绘制图形

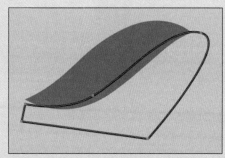

图 10-76 绘制图形

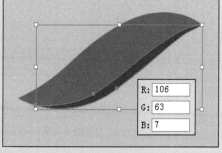

图 10-77 创建相交图形

42 继续复制浅褐色图形，使用【钢笔工具】▨绘制图形，如图 10-78 所示。配合 Shift 键加选上一步复制的图形，单击【路径查找器】面板中的【交集】按钮回，创建相交图形并调整图形的填充色，如图 10-79 所示。

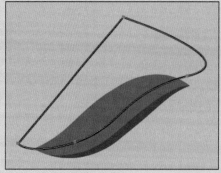

图 10-78 绘制图形

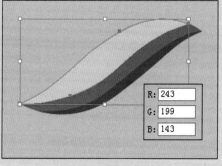

图 10-79 创建相交图形

43 使用【钢笔工具】▨绘制图形，如图 10-80 所示。选中图形，执行【对象】|【编组】命令，将图形组合在一起，如图 10-81 所示。

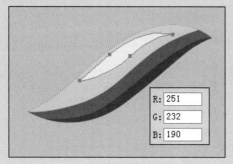

图 10-80　绘制图形

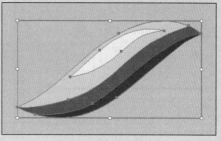

图 10-81　组合图形

44 单击【画笔】面板中的 按钮，在弹出的菜单中选择【新建画笔】命令，在弹出的【新建画笔】对话框中单击【确定】按钮，如图 10-82、图 10-83 所示。

图 10-82　选择【新建画笔】命令

图 10-83　【新建画笔】对话框

45 继续在弹出的【散点画笔选项】对话框中设置画笔名称，然后单击【确定】按钮，将图形定义为画笔，如图 10-84 所示。使用【钢笔工具】 绘制路径，如图 10-85 所示。

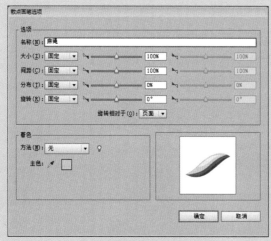

图 10-84　在对话框中设置画笔名称

图 10-85　绘制路径

46 单击【画笔】面板中的 按钮，在弹出的菜单中选择【所选对象的选项】命令，如图 10-86 所示。

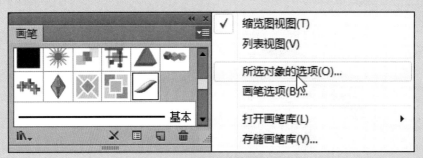

图 10-86　选择【所选对象的选项】命令

47 在弹出的对话框中调整画笔描边，如图 10-87 所示。制作效果如图 10-88 所示。

图 10-87　调整画笔描边

图 10-88　调整效果

48 使用前面介绍的方法，原位复制画笔描边路径。使用【钢笔工具】绘制路径，如图 10-89 所示。

49 配合 Shift 键加选复制的画笔描边路径，执行【对象】|【剪切蒙版】|【建立】命令，创建剪切蒙版，为了方便观察，这里隐藏了原画笔描边路径，如图 10-90 所示。继续使用【钢笔工具】绘制路径，如图 10-91 所示。

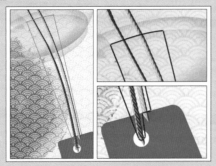

图 10-89　绘制路径

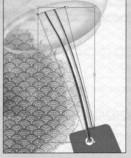

图 10-90　隐藏路径

图 10-91　绘制路径

50 配合 Shift 键加选原画笔描边路径，执行【对象】|【剪切蒙版】|【建立】命令，创建剪切蒙版，如图 10-92 所示。调整图

层顺序至水墨图像所在图层的上方，如图 10-93 所示。

图 10-92 创建剪切蒙版　　　　　　　图 10-93 调整图层顺序

51 使用前面介绍的方法继续绘制画笔描边路径，如图 10-94 所示。使用【矩形工具】▣绘制矩形，如图 10-95 所示。

图 10-94 绘制画笔描边路径　　　　　　图 10-95 绘制矩形

52 配合 Shift 键加选上一步绘制的画笔描边路径，并创建剪切蒙版，调整图层顺序至水墨图像所在图层的上方，如图 10-96~图 10-98 所示。

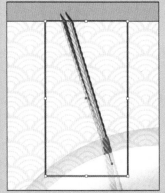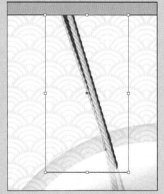

图 10-96 加选描边路径　　　　图 10-97 创建剪切蒙版　　　　图 10-98 调整图层顺序

10.3 添加文字信息

首先添加并调整文字，然后绘制弧线，通过添加 3D 绕转效果创建立体正圆，为正圆绘制开口创建铃铛图形。最后添加背景装饰图形，完成实例的制作。

01 使用【文字工具】 添加文字信息，在【字符】面板中设置其字体、字号。旋转文字角度，如图 10-99~ 图 10-101 所示。

图 10-99 添加文本

图 10-100 【字符】面板

图 10-101 旋转文字

02 单击【外观】面板中的【添加新填色】按钮，添加新填充效果，如图 10-102 所示。

03 在【渐变】面板中为文字添加渐变填充效果，如图 10-103 所示。增加渐变效果如图 10-104 所示。

图 10-102 【外观】面板

图 10-103 设置渐变填充参数

图 10-104 增加渐变效果

04 使用同样方法，输入其余文字并设置字体、字号，注意设置文字之间的颜色，复制并缩小之前创建好的樱花图形，效果如图 10-105 所示。

05 使用【钢笔工具】 绘制树枝图形，如图 10-106 所示。

06 使用【椭圆工具】 配合 Shift 键绘制正圆，如图 10-107 所示。配合 Alt 键复制正圆，然后配合 Shift 键等比例放大或缩小正圆，创建的图形如图 10-108 所示。

图 10-105 调整图形

图 10-106 绘制树枝图形

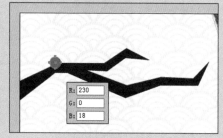

图 10-107 绘制正圆

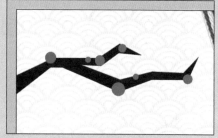

图 10-108 创建图形

07 使用【圆角矩形工具】◻创建圆角矩形，如图 10-109、图 10-110 所示。

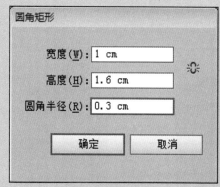

图 10-109 设置参数

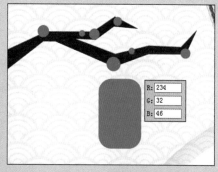

图 10-110 创建圆角矩形

08 配合 Alt+Shift 组合键复制并水平向右移动圆角矩形，如图 10-111 所示。配合 Shift 键加选绘制的圆角矩形，单击【路径查找器】面板中的【减去顶层】按钮◻，修剪图形，如图 10-112 所示。

09 调整修剪所得图形的填充色，如图 10-113 所示。使用【矩形工具】◻绘制图形，如图 10-114 所示。

图 10-111　复制并移动图形

图 10-112　修剪图形

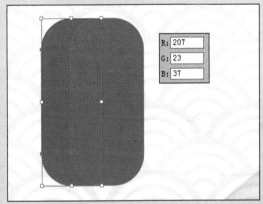

图 10-113　调整填充色

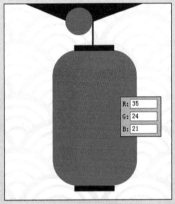

图 10-114　绘制图形

10 继续使用【矩形工具】▣绘制图形，配合 Alt 键复制图形，
执行【对象】|【变换】|【再次变换】命令，移动并复制图形，
如图 10-115~ 图 10-117 所示。

图 10-115　绘制图形

图 10-116　复制图形

图 10-117　移动、复制效果

11 选中图形并执行【对象】|【编组】命令，将图形组合在一起，
如图 10-118 所示。使用【椭圆工具】◉配合 Shift 键绘制正圆，
如图 10-119 所示。

图 10-118 图形编组

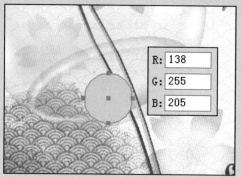

图 10-119 绘制图形

12 使用【直接选择工具】 选中并删除锚点，如图 10-120 所示。执行【效果】|3D|【绕转】命令，在弹出的对话框中进行设置，然后单击【确定】按钮，创建立体图形，如图 10-121 所示。

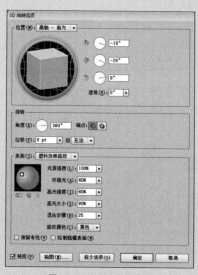

图 10-120 删除锚点

图 10-121 创建立体图形

13 继续绘制并复制正圆，如图 10-122、图 10-123 所示。

图 10-122 绘制图形

图 10-123 复制图形

14 继续绘制正圆，使用【钢笔工具】在路径上添加锚点，
如图 10-124、图 10-125 所示。

图 10-124　绘制正圆

图 10-125　添加锚点

15 使用【直接选择工具】选中并删除锚点，如图 10-126 所示。
执行【对象】|【扩展】命令，将路径转换为图形，如图 10-127 所示。

图 10-126　删除锚点

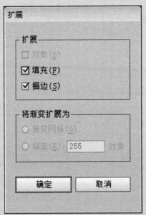

图 10-127　将路径转换为图形

16 配合 Shift 键加选图形，然后单击【路径查找器】面板中的
【联集】按钮，将图形组合在一起，如图 10-128、图 10-129
所示。

图 10-128　加选图形

图 10-129　图形编组

17 执行【效果】|【风格化】|【内发光】命令，在弹出的对话框中进行设置，然后单击【确定】按钮，添加内发光效果，如图 10-130、图 10-131 所示。

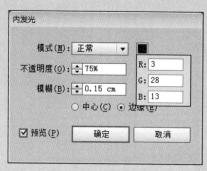

图 10-130　设置内发光参数　　　　　　　　图 10-131　内发光效果

18 执行【效果】|【风格化】|【投影】命令，在弹出的对话框中进行设置，然后单击【确定】按钮，添加投影效果，如图 10-132、图 10-133 所示。

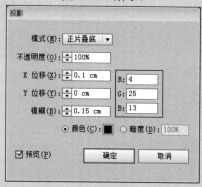

图 10-132　设置投影参数　　　　　　　　图 10-133　投影效果

19 复制并调整之前创建的铃铛图形，如图 10-134 所示。使用【光晕工具】在画布中单击，在弹出的对话框中进行设置，如图 10-135 所示。然后单击【确定】按钮，添加光晕效果。

图 10-134　复制并调整图形　　　　　　　图 10-135　设置光晕参数

20 使用【矩形工具】▢绘制矩形，如图 10-136 所示。同时选中矩形和光晕，执行【对象】|【剪切蒙版】|【建立】命令，创建剪切蒙版，隐藏矩形以外的光晕图形，完成本实例的制作，效果如图 10-137 所示。

图 10-136 绘制矩形

图 10-137 完成效果

CHAPTER 11

包装设计

本章概述 SUMMARY

产品包装，是消费者对产品的视觉体验，是产品个性的直接和主要传递者，是企业形象定位的直接表现。好的包装设计是企业创造利润的重要手段之一。做好包装就需要设计者给产品一个定位，设计出符合消费者心理的包装，这样能帮助企业在众多竞争品牌中脱颖而出。

■ 学习目标

∨ 熟练使用创建自定义图案填充效果。

∨ 熟练使用基本绘图工具创建立体图形。

∨ 掌握使用【封套扭曲】命令创建字体效果。

∨ 熟练应用描边创建虚线效果。

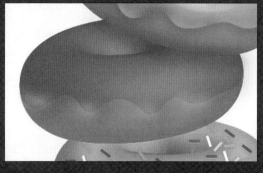

◎绘制甜甜圈

◎包装盒制作最终效果

11.1 创建包装盒背景

首先使用【矩形工具】■、【椭圆工具】◉、【钢笔工具】✐绘制包装基本背景色块，然后创建自定义图案填充效果丰富背景层次。

01 在 Illustrator CC 中新建文档，如图 11-1 所示。使用【矩形工具】■创建矩形，设置填充为浅黄色，如图 11-2 所示。

图 11-1 新建文档

图 11-2 创建矩形并设置填充色

02 继续绘制矩形，如图 11-3 所示。使用【选择工具】▶移动矩形与淡黄色矩形对齐，如图 11-4 所示。

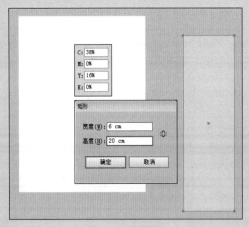

图 11-3 绘制矩形

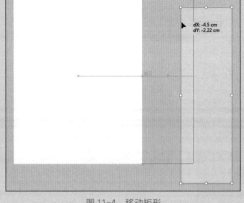

图 11-4 移动矩形

03 继续绘制淡黄色矩形并移动、调整矩形对齐，为了方便观察这里为矩形添加了 1 像素黑色描边，如图 11-5 所示。使用【椭圆工具】◉绘制椭圆，如图 11-6 所示。

04 调整椭圆与矩形对齐，如图 11-7 所示。调整图层顺序，如图 11-8 所示。

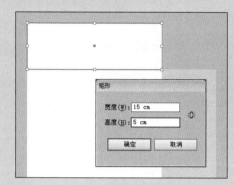

图 11-5　调整矩形对齐

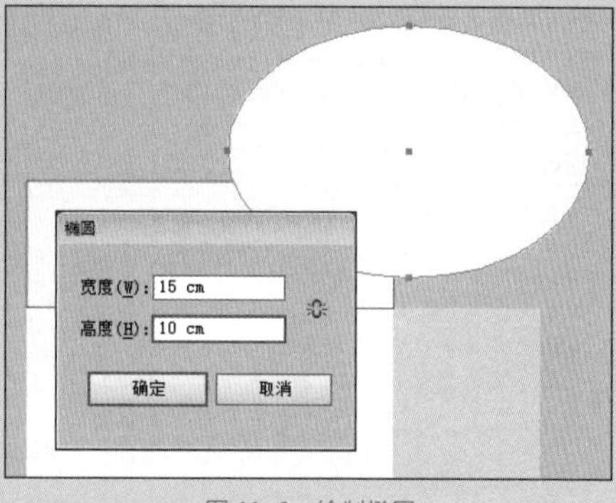

图 11-6　绘制椭圆

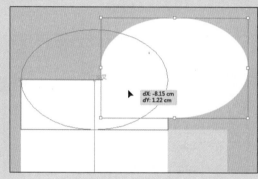

图 11-7　设置对齐

图 11-8　调整图层顺序

05 绘制矩形，如图 11-9 所示。在属性栏中单击【变换】查看已绘制矩形的宽度，如图 11-10 所示。

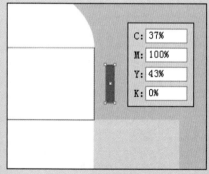

图 11-9　绘制矩形

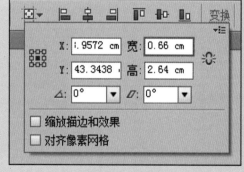

图 11-10　查看属性

06 双击【选择工具】，在弹出的对话框中设置移动距离，如图 11-11 所示。然后单击【复制】按钮，复制矩形，执行【对象】|【变换】|【再次变换】命令，如图 11-12 所示，复制并移动矩形。

07 调整矩形的颜色，如图 11-13 所示。双击【旋转工具】，在弹出的对话框中单击【复制】按钮，复制并旋转图形，如图 11-14 所示。

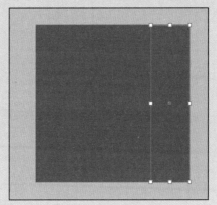

图 11-11 设置移动距离　　　　图 11-12 复制并移动矩形

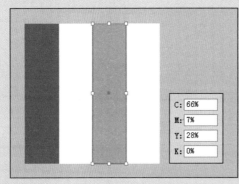

图 11-13 调整颜色　　　　　　图 11-14 旋转图形

08 在属性栏中调整图形透明度，如图 11-15 所示。框选图形，
执行【对象】|【编组】命令，将图形组合在一起，如图 11-16 所示。

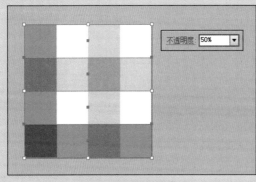

图 11-15 调整透明度　　　　　图 11-16 编组

09 执行【对象】|【图案】|【建立】命令，创建图案，如
图 11-17 所示。然后单击【完成】按钮，存储图案，如图 11-18 所示。

10 使用【矩形工具】▭绘制矩形，移动矩形与蓝色矩形底部
贴齐，如图 11-19 所示。

11 选中并复制矩形，如图 11-20 所示。

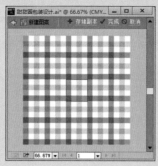

图 11-17　创建图案

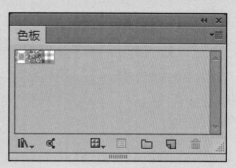

图 11-18　存储图案

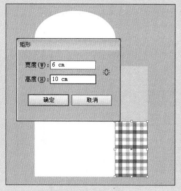

图 11-19　绘制矩形

图 11-20　复制矩形

12 调整复制矩形的高度。选中蓝色矩形的外观样式并拖动到复制的矩形外观上，复制填充色，如图 11-21 所示。

13 使用【钢笔工具】在矩形路径上单击添加锚点，如图 11-22 所示。

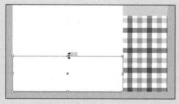

图 11-21　复制外观

图 11-22　添加锚点

14 使用【直接选择工具】选中锚点，配合 Shift 键加选另一个锚点，如图 11-23 所示。

15 单击属性栏中的【将所选锚点转换为平滑】按钮，调整锚点，拖动锚点的手柄调整路径，如图 11-24 所示。

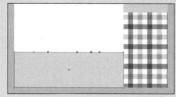

图 11-23　加选锚点

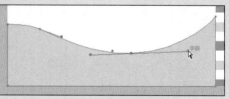

图 11-24　调整路径

11.2 绘制立体甜甜圈

首先使用【椭圆工具】◎创建甜甜圈外形并添加 3D 绕转效果，创建立体的甜甜圈。然后通过绘制图形并调整图层混合模式调整甜甜圈的颜色，使用【变形工具】◎调整图形使颜色更加自然。最后添加高光和装饰图形，完成甜甜圈的制作。

01 使用【椭圆工具】◎配合 Shift 键绘制正圆，如图 11-25 所示。执行【编辑】|【复制】命令和【编辑】|【就地粘贴】命令，复制图形。配合 Shift+Alt 组合键等比例中心缩小图形，如图 11-26 所示。

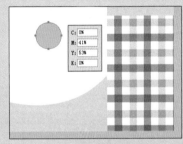
图 11-25 绘制正圆

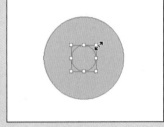
图 11-26 缩小图形

02 配合 Shift 键水平向左移动小正圆。选中正圆，执行【对象】|【编组】命令，将正圆组合在一起，如图 11-27 所示。

03 执行【效果】|3D|【绕转】命令，在弹出的对话框中进行设置，单击【更多选项】按钮调整光线效果，然后单击【确定】按钮，创建立体图形，如图 11-28 所示。

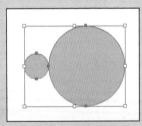
图 11-27 移动与编组

图 11-28 创建立体图形

04 配合 Alt 键复制上一步创建的图形，如图 11-29 所示。在【外观】面板中单击【3D 绕转】外观，如图 11-30 所示。

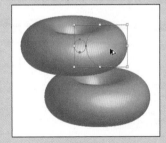
图 11-29 复制图形

图 11-30 【外观】面板

05 在弹出的对话框中调整旋转角度，如图 11-31 所示。然后单击【确定】按钮，应用外观调整效果，如图 11-32 所示。

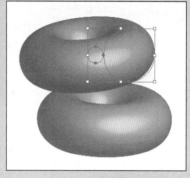

图 11-31　调整旋转角度　　　　　　　图 11-32　调整效果

06 使用上述同样方法复制图形，并旋转其角度，如图 11-33 所示。

07 开始绘制甜甜圈上方抹茶酱效果，使用【椭圆工具】◉绘制椭圆，并调整图层之间的相互顺序，如图 11-34 所示。

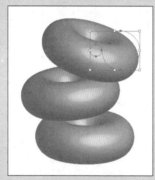

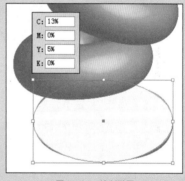

图 11-33　复制图形　　　　　　　图 11-34　绘制椭圆

08 调整图像的混合模式和透明度，如图 11-35、图 11-36 所示。

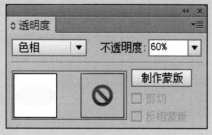

图 11-35　调整混合模式和透明度　　　　　图 11-36　调整效果

09 使用【直接选择工具】▶ 移动锚点的手柄，调整路径。双击【变形工具】◢，如图 11-37 所示。

10 在弹出的对话框中设置画笔大小，然后单击【确定】按钮，应用画笔设置，如图 11-38 所示。

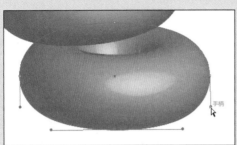

图 11-37 调整路径   图 11-38 画笔设置

11 在椭圆上进行涂抹，调整椭圆形状，如图 11-39 所示。

12 复制上一步创建的图形，【图层】面板中的效果如图 11-40 所示。

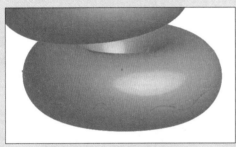

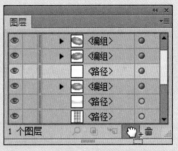

图 11-39 调整形状   图 11-40 【图层】面板

13 使用【画笔工具】☑️在甜甜圈上绘制。执行【效果】|
【模糊】|【高斯模糊】命令，在弹出的对话框中设置【半
径】为 8 像素，单击【确定】按钮，应用高斯模糊效果，如
图 11-41 所示。

14 继续使用【画笔工具】☑️绘制图形，如图 11-42 所示。

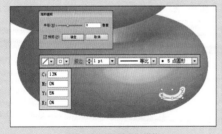

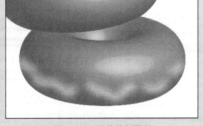

图 11-41 设置高斯模糊   图 11-42 继续绘制图形

15 复制图层，调整复制的椭圆图形及画笔绘制的高光图层的
先后顺序，如图 11-43 所示。选中经过调整复制的椭圆图形及画
笔绘制的高光图层，如图 11-44 所示。

16 执行【对象】|【剪切蒙版】|【建立】命令，创建剪切蒙版，
如图 11-45、图 11-46 所示。

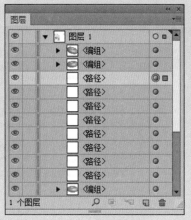

图 11-43　调整图层顺序

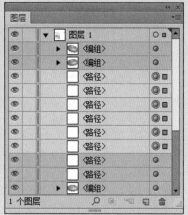

图 11-44　选中图层

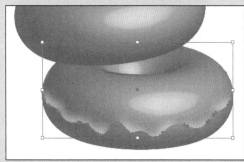

图 11-45　选中对象

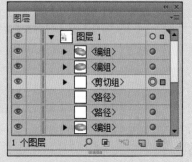

图 11-46　创建剪切蒙版

17 继续复制图形，如图 11-47 所示。调整图层顺序，如图 11-48 所示。

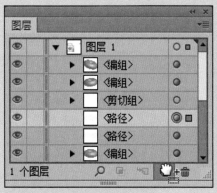

图 11-47　复制图形

图 11-48　调整图层顺序

18 使用【直接选择工具】 选中并删除锚点，如图 11-49 所示。

19 调整上一步路径的描边效果，调整图层混合模式和不透明度，如图 11-50 所示。

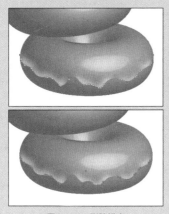

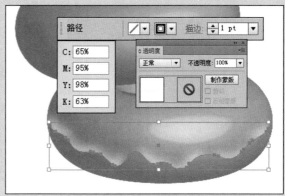

图 11-49　删除锚点　　　　　　　　　　　　　图 11-50　调整描边

⑳ 执行【效果】|【模糊】|【高斯模糊】命令，创建模糊效果，如图 11-51 所示。

㉑ 使用【椭圆工具】◯绘制椭圆，在【透明度】面板中调整图层混合模式，如图 11-52 所示。

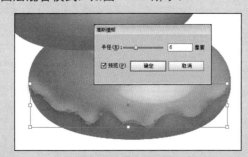

图 11-51　创建模糊效果　　　　　　　　　　图 11-52　绘制椭圆并调整混合模式

㉒ 执行【效果】|【模糊】|【高斯模糊】命令，模糊图形，如图 11-53 所示。

㉓ 继续绘制椭圆，调整图层混合模式，如图 11-54 所示。

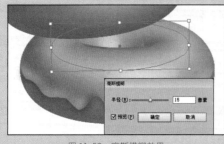

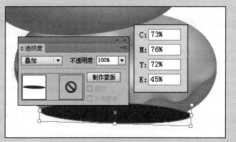

图 11-53　高斯模糊效果　　　　　　　　　　图 11-54　调整图层混合模式

㉔ 执行【效果】|【变形】|【弧形】命令，在弹出的对话框中进行设置，然后单击【确定】按钮，变形椭圆，如图 11-55、图 11-56 所示。

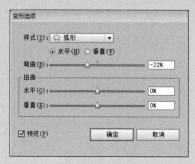

图 11-55　设置参数

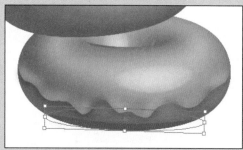

图 11-56　变形椭圆

25 执行【效果】|【模糊】|【高斯模糊】命令，添加模糊效果，如图 11-57、图 11-58 所示。

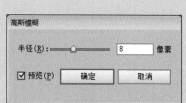

图 11-57　设置模糊半径

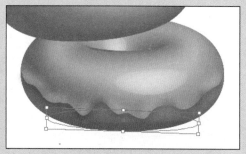

图 11-58　模糊效果

26 开始制作彩色朱古力糖针效果，使用【矩形工具】□绘制矩形，并调整矩形的旋转角度，如图 11-59、图 11-60 所示。

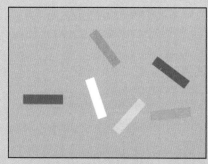

图 11-59　绘制矩形

图 11-60　制作糖针效果

27 选中上一步创建的矩形，单击【符号】面板中的▼▤按钮，在弹出的菜单中选择【新建符号】命令，创建符号，如图 11-61、图 11-62 所示。

图 11-61　选择【新建符号】命令

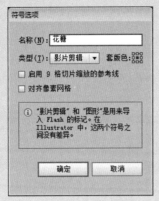

图 11-62 【符号选项】对话框

28 使用【符号喷枪工具】⬚创建图形，如图 11-63 所示。执行【效果】|【风格化】|【投影】命令，在弹出的【投影】对话框中进行设置，如图 11-64 所示。然后单击【确定】按钮，添加投影效果。

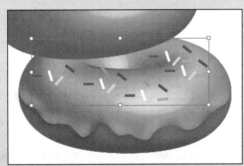

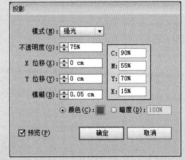

图 11-63 创建图形   图 11-64 设置投影参数

29 绘制椭圆并添加透明渐变效果，如图 11-65、图 11-66 所示。

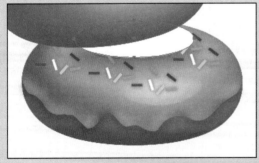

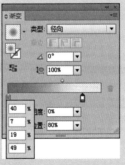

图 11-65 绘制椭圆   图 11-66 设置渐变

30 使用【渐变工具】▣移动渐变中心点的位置，如图 11-67 所示。

31 使用同样方法，绘制上方甜甜圈的草莓酱效果与彩色朱古力糖针效果，奶油颜色为粉色，如图 11-68 所示。

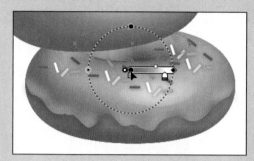

图 11-67　调整渐变中心点

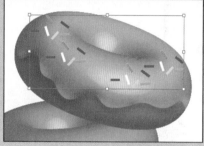

图 11-68　绘制糖针效果

32 绘制椭圆，如图 11-69 所示。调整图层混合模式，如图 11-70 所示。

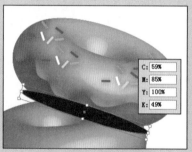

图 11-69　绘制椭圆

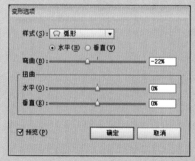

图 11-70　设置图层混合模式

33 为上一步创建的椭圆添加弧形变形效果，如图 11-71、图 11-72 所示。

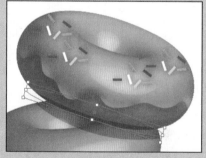

图 11-71　设置变形选项参数

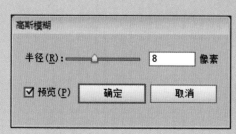

图 11-72　弧形变形效果

34 继续添加高斯模糊效果，如图 11-73、图 11-74 所示。

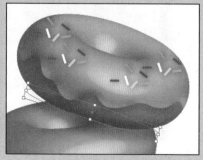

图 11-73　设置模糊半径

图 11-74　创建模糊效果

35 使用同样方法制作中间甜甜圈的葡萄酱效果，如图 11-75
所示。

36 使用椭圆工具，在中间继续绘制椭圆，如图 11-76 所示。

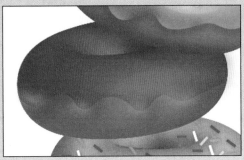
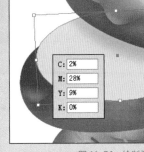

图 11-75 制作葡萄酱效果　　　　　　　　　　图 11-76 绘制椭圆

37 继续绘制椭圆，执行【效果】|【风格化】|【涂抹】命令，
涂抹图形，如图 11-77 所示。

38 为涂抹图形添加内发光效果，如图 11-78 所示。

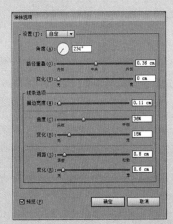
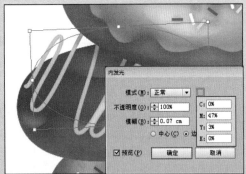

图 11-77 【涂抹选项】对话框　　　　　　　图 11-78 设置内发光效果

39 使用【变形工具】涂抹图形，如图 11-79 所示。为图形
添加投影效果，参数设置如图 11-80 所示。

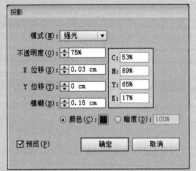

图 11-79 涂抹图形　　　　　　　　　　　图 11-80 设置投影参数

40 复制并调整图层顺序，如图 11-81、图 11-82 所示。

图 11-81　选中图层　　　　　　　　　　图 11-82　复制并调整

41 调整渐变角度，使用【渐变工具】■调整渐变中心点的位置，如图 11-83、图 11-84 所示。

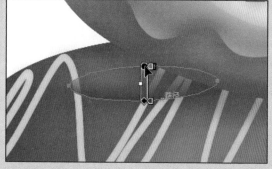

图 11-83　设置渐变角度　　　　　　　　图 11-84　调整渐变中心点

42 使用【钢笔工具】☑在椭圆路径上添加并删除不需要的锚点，如图 11-85、图 11-86、图 11-87 所示。

图 11-85　添加锚点　　　　图 11-86　减少锚点　　　　图 11-87　继续添加

43 使用【直接选择工具】☑配合 Alt 键调整锚点的手柄，调整路径的形状，如图 11-88 所示。

44 使用前面介绍的方法调整路径，如图 11-89 所示。

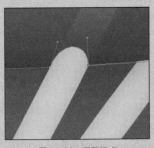
图 11-88　调整锚点

图 11-89　调整路径

45 继续创建椭圆并调整图层混合模式，如图 11-90、图 11-91
所示。

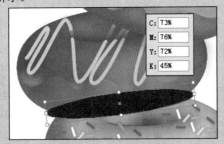
图 11-90　创建椭圆

图 11-91　调整图层混合模式

46 执行【效果】|【变形】|【弧形】命令，调整椭圆的变形效果，
如图 11-92、图 11-93 所示。

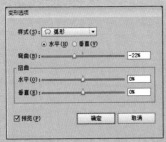

图 11-92　设置变形选项

图 11-93　变形效果

47 为椭圆添加高斯模糊效果，如图 11-94、图 11-95 所示。

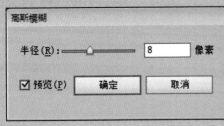
图 11-94　设置模糊参数

图 11-95　创建模糊效果

48 使用【画笔工具】☑️绘制图形，如图 11-96 所示。使用【星
形工具】在视图中单击创建星形，参数设置如图 11-97 所示。

图 11-96 绘制图形

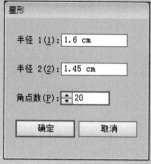

图 11-97 设置星形参数

11.3   绘制装饰图形

绘制装饰图形并添加文字信息。

01 调整上一步所创建图形的填充和描边效果,如图 11-98 所示。执行【效果】|【风格化】|【圆角】命令,为图形添加圆角效果,如图 11-99 所示。

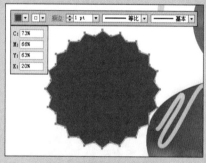

图 11-98 设置填充与描边

图 11-99 设置圆角效果

02 执行【对象】|【路径】|【偏移路径】命令,创建图形并取消描边效果,如图 11-100、图 11-101 所示。

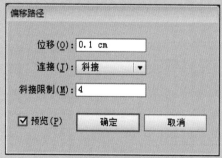

图 11-100 设置偏移路径

图 11-101 创建图形

03 重新编辑上一步所创建图形的圆角效果,如图 11-102、图 11-103 所示。

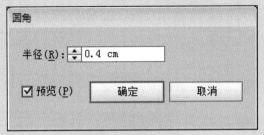

图 11-102 【外观】面板   图 11-103　设置圆角半径

04 使用【文字工具】T添加并旋转文字，如图 11-104、图 11-105
所示。

图 11-104　添加文字   图 11-105　旋转文字

05 继续使用【文字工具】T添加并旋转文字，如图 11-106、
图 11-107 所示。

图 11-106　添加文字   图 11-107　旋转文字

06 继续添加文字信息，如图 11-108、图 11-109 所示。

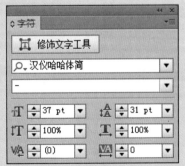

图 11-108　添加文字信息   图 11-109　设置字体、字号

07 选中并调整文字，如图 11-110 所示。选中文字，如图 11-111 所示。

图 11-110 调整文字

图 11-111 选中文字

08 配合 Shift 键加选浅黄色背景，如图 11-112 所示。继续单击浅黄色背景，单击属性栏中的【水平居中对齐】按钮，调整图形的对齐，如图 11-113 所示。

图 11-112 加选对象

图 11-113 调整对齐

09 使用【画笔工具】绘制图形，如图 11-114 所示。为了看清笔触形态，这里选取右边的图形展示路径，如图 11-115 所示。

图 11-114 绘制图形

图 11-115 路径效果

10 添加文字信息并调整文字与浅黄色背景居中对齐，如图 11-116、图 11-117 所示。

11 使用【直排文字工具】添加文字并设置字体、字号，调整文字与蓝色矩形的中心对齐，如图 11-118、图 11-119 所示。

图 11-116 添加文字

图 11-117 设置居中

图 11-118 添加文字

图 11-119 设置字体、字号

12 添加文字信息，如图 11-120 所示。使用【矩形工具】□绘制矩形，如图 11-121 所示。

图 11-120 添加文字

图 11-121 绘制矩形

13 使用【钢笔工具】☑在矩形路径上添加锚点，如图 11-122 所示。单击属性栏中的【将所选锚点转换为平滑】按钮☐，使用【直接选择工具】☐调整锚点，如图 11-123 所示。

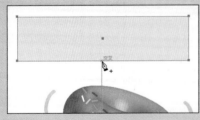

图 11-122 添加锚点

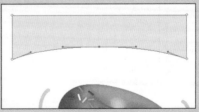

图 11-123 调整锚点

14 同时选中文字和不规则图形所在图层，执行【封套】|【封套扭曲】|【用顶层对象建立】命令，创建封套，如图 11-124 所示。添加文字，如图 11-125 所示。

15 继续添加文字信息，如图 11-126、图 11-127 所示。

图 11-124 创建封套扭曲

图 11-125 添加文字

图 11-126 添加左侧文字

图 11-127 添加右侧文字

16 将本章素材"刀叉 .jpg"文件图像拖至当前文档，临摹图像，
如图 11-128 所示。单击属性栏中的【扩展】命令，扩展外观，
如图 11-129 所示。

图 11-128 导入素材

图 11-129 扩展外观

17 执行【对象】|【取消编组】命令，取消图形编组并删除背景，
如图 11-130 所示。选中图形并执行【对象】|【编组】命令将图
形组合在一起，如图 11-131 所示。

图 11-130 删除背景

图 11-131 编组

18 配合 Shift 键等比例缩小上一步创建的图形，移动图形的位置，如图 11-132 所示。配合 Alt 键复制图形，如图 11-133 所示。

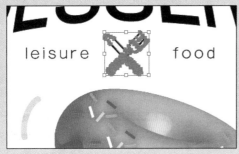
图 11-132　缩小图形

图 11-133　复制图形

19 继续添加文字信息，如图 11-134 所示。使用【椭圆工具】 ⬭ 配合 Shift 键绘制正圆，如图 11-135 所示。

图 11-134　添加文字

图 11-135　绘制正圆

20 使用【钢笔工具】 ✍ 在路径上添加锚点，使用【直接选择工具】 ▨ 选中并删除中间的锚点，如图 11-136、图 11-137、图 11-138 所示。

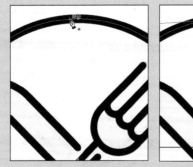
图 11-136　添加锚点

图 11-137　继续添加

图 11-138　删除路径

21 选中线段并在属性栏中调整描边为圆角，如图 11-139 所示。单击【符号】面板中的 ▤ 按钮，在弹出的菜单中选择【庆祝】命令，如图 11-140 所示。

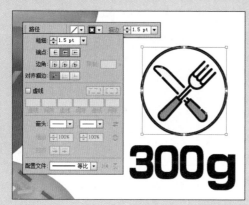

图 11-139　调整描边

图 11-140　选择【庆祝】命令

22 在打开的【庆祝】面板中拖动图形至画板中，如图 11-141、图 11-142 所示。

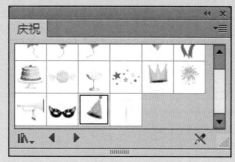

图 11-141　【庆祝】面板

图 11-142　创建符号

23 选中图形并添加图案填充效果，取消描边效果，如图 11-143、图 11-144 所示。

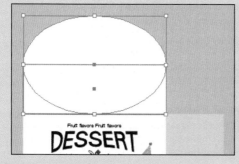

图 11-143　取消描边效果

图 11-144　选择图案

24 复制之前创建的图形并将其进行编组，如图 11-145 所示。执行【对象】|【变换】|【对称】命令，垂直镜像图形，参数设置如图 11-146 所示。

25 水平镜像图形，如图 11-147、图 11-148 所示。

图 11-145　复制图形

图 11-146　设置镜像参数

图 11-147　水平镜像图形

图 11-148　镜像效果

㉖ 使用【矩形工具】▢创建矩形，如图 11-149 所示。配合
Alt 键复制之前创建好的图形，如图 11-150 所示。

图 11-149　创建矩形

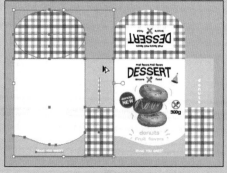

图 11-150　复制图形

㉗ 选中图形并双击【旋转工具】↻，旋转图形，如图 11-151、
图 11-152 所示。

㉘ 使用 Ctrl+Shift+] 组合键调整上一步图形所在图层至最上方
显示，并移动图形的位置，如图 11-153 所示。继续创建矩形，
如图 11-154 所示。

包装设计

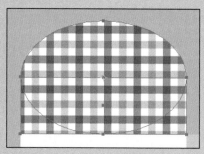

图 11-151 选中图形

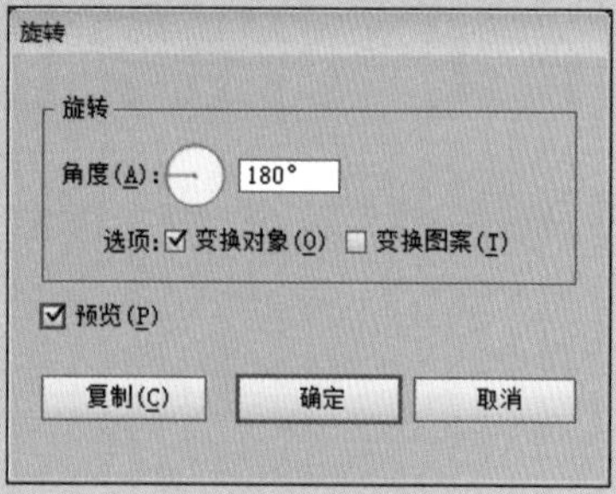

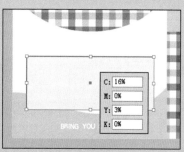

图 11-152 设置旋转参数

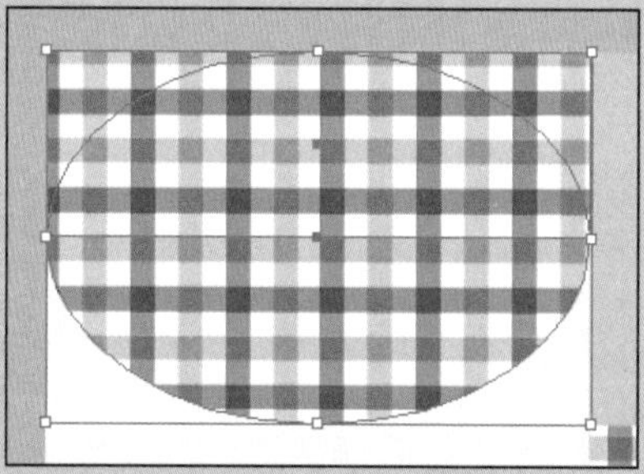

图 11-153 调整位置

图 11-154 创建矩形

㉙ 添加文字信息，添加本章素材"条形码 .jpg"和 "生产许可 .jpg"图像，如图 11-155 所示。

㉚ 继续复制之前创建好的图形，为包装背面完成效果图（最后效果是这样，但是做电子版不能这么做），如图 11-156 所示。

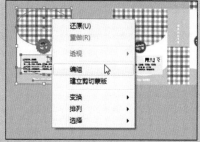

图 11-155 添加素材

图 11-156 完成效果

㉛ 复制背面备用，如图 11-157 所示。

㉜ 删除包装上的图形，如图 11-158 所示。

图 11-157 复制背面

图 11-158 删除图形

11.4 创建刀版线

实线是裁切线，虚线是折痕线。包装印刷主体色要在裁切线之外留有一定距离，这个距离就叫出血范围，防止刀版的移动在包装图案上留有空白。包装文字以及主体图案在包装内部也要与刀版线留出 3 ~ 5mm 的出血范围，防止刀版的移动裁切掉图案。

01 使用【矩形工具】□在视图中单击，创建矩形，如图 11-159 所示。

02 复制并在属性栏中单击【变换】按钮，调整矩形的高度，如图 11-160 所示。

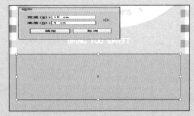

图 11-159 创建矩形

图 11-160 调整高度

03 绘制椭圆，如图 11-161 所示。调整上一步所复制矩形的宽度，如图 11-162 所示。

图 11-161 绘制椭圆

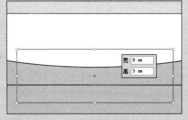

图 11-162 调整宽度

04 调整椭圆图形至最上方显示，配合 Shift 键加选复制的矩形，如图 11-163 所示。单击【路径查找器】面板中的【减去顶层】按钮□，修剪图形，如图 11-164 所示。

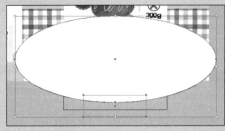

图 11-163 加选图形

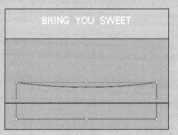

图 11-164 修剪图形

05 配合 Shift 键加选绘制的矩形，如图 11-165 所示。继续修剪图形，效果如图 11-166 所示。

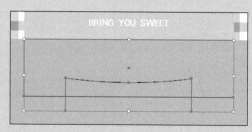

图 11-165　加选矩形

图 11-166　修剪图形

06 创建矩形，如图 11-167 所示。

07 使用【多边形工具】◎创建三角形，调整三角形的大小及位置，如图 11-168 所示。

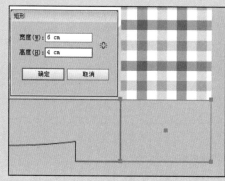

图 11-167　绘制矩形

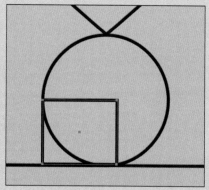

图 11-168　调整大小与位置

08 使用【椭圆工具】◎配合 Shift 键绘制正圆，如图 11-169 所示。绘制矩形，如图 11-170 所示。

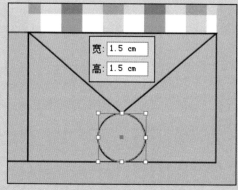

图 11-169　绘制正圆

图 11-170　绘制矩形

09 缩小下方矩形的宽度，如图 11-171 所示。框选图形并单击【路径查找器】面板中的【联集】按钮◎，将图形合并在一起，效果如图 11-172 所示。

10 配合 Alt+Shift 组合键水平向左复制上一步创建的图形，如图 11-173 所示。

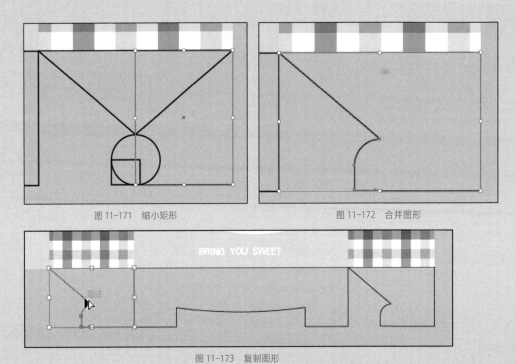

图 11-171 缩小矩形   图 11-172 合并图形

图 11-173 复制图形

11 执行【对象】|【变换】|【对称】命令，垂直翻转图形，如图 11-174、图 11-175 所示。

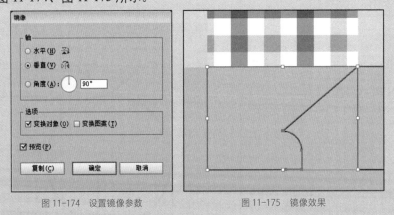

图 11-174 设置镜像参数   图 11-175 镜像效果

12 配合 Alt+Shift 组合键水平向左复制之前创建的图形，如图 11-176 所示。

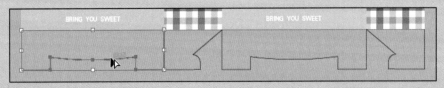

图 11-176 复制图形

13 创建三角形，如图 11-177 所示。创建圆角矩形，参数设置如图 11-178 所示。

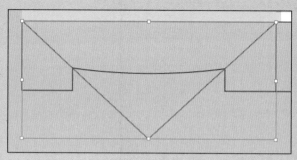

图 11-177　创建三角形　　　　　　　　　图 11-178　设置参数

⓮ 选中并删除复制的不规则图形，如图 11-179 所示。绘制矩形，如图 11-180 所示。

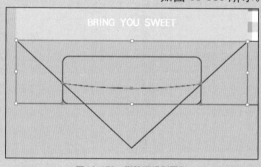

图 11-179　删除不规则图形

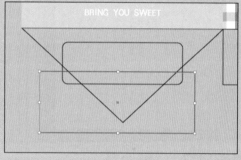

图 11-180　绘制矩形

⓯ 使用前面介绍的方法，使用矩形修剪三角形，如图 11-181 所示。使用修剪后得到的图形与圆角矩形合并在一起，如图 11-182 所示。

图 11-181　修剪图形

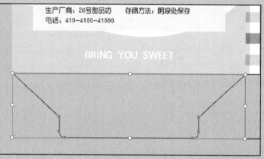

图 11-182　合并图形

⓰ 继续绘制矩形，如图 11-183 所示。框选图形，执行【对象】|【编组】命令，将图形组合在一起，在属性栏中单击【变换】按钮，查看图像的大小，如图 11-184 所示。

⓱ 选择【画板工具】□，在属性栏中设置画板大小，如图 11-185 所示。选中上一步的编组图形，单击属性栏中的【水平居中对齐】按钮 ⊕ 和【垂直居中对齐】按钮 ⊪，使图形与画板对齐，如图 11-186 所示。

图 11-183　绘制矩形

图 11-184　编组

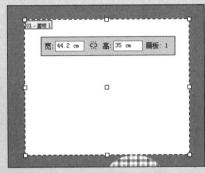

图 11-185　设置画板大小

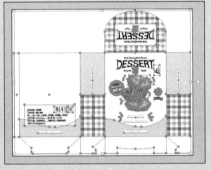

图 11-186　设置对齐方式

18 执行【对象】|【取消编组】命令，复制图形，如图 11-187 所示。
取消图形的填充色并设置描边为黑色，如图 11-188 所示。

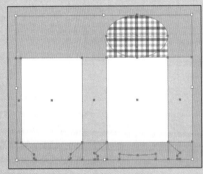

图 11-187　复制图形

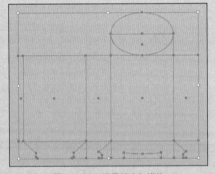

图 11-188　设置填充与描边

19 合并上一步复制的图形，如图 11-189 所示。使用【直线段
工具】☑绘制直线，如图 11-190 所示。

20 使用同样方法，继续绘制压痕线，如图 11-191 所示。

21 选中刀版图形并将其进行编组，命名为"刀版"，删除画
板中的刀版图形，如图 11-192 所示。

22 将刀版图形与画板中心对齐，锁定刀版图层，如
图 11-193 所示。

23 调整包装上的色块大小，如图 11-194 所示。

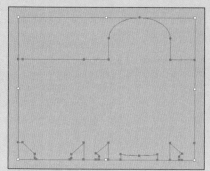

图 11-189　合并图形

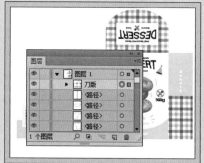

图 11-190　绘制直线

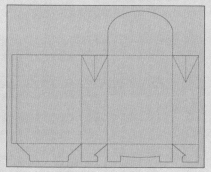

图 11-191　绘制压痕线

图 11-192　编组并命名

图 11-193　设置对齐　　　　　　　　　　图 11-194　调整色块大小

24 使用【直接选择工具】 调整锚点使图形对齐，如图 11-195、图 11-196 所示。

图 11-195　调整锚点　　　　　　　　图 11-196　调整效果

25 选中盒盖的图形并合并，如图 11-197、图 11-198 所示。

图 11-197 选中图形

图 11-198 效果展示

26 执行【对象】|【路径】|【偏移路径】命令，使用 Ctrl+Shift+[组合键调整图形至最下方显示，如图 11-199、图 11-200 所示。

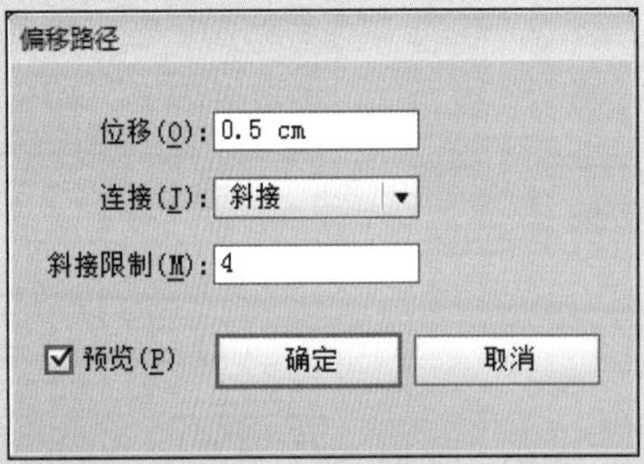

图 11-199 偏移路径

图 11-200 调整图层顺序

27 完成本实例的制作，效果如图 11-201 所示。

图 11-201 案例效果展示

CHAPTER 12

字体特效广告设计

本章概述 SUMMARY

在商业促销海报中文字是最直观的表达方式。让顾客在短暂几秒内记住你所要表达的内容很不容易。参考欧美电影片头都会出现制作单位的名称，这些文字基本上都是经过特殊处理后展现在观众面前的，所呈现的不仅仅是文字，更是把文字图形化，给人艺术的美感。本章重点介绍了文字特效的制作，使文字作为主要图像出现时作品同样出彩。

■ 学习目标

√ 熟练使用【效果】命令制作高光效果。

√ 熟练使用图层混合模式制作发光效果。

√ 熟练使用【矩形网格工具】绘制图形。

√ 熟练应用【透明度】面板创建渐隐效果。

◎制作文字灯管效果

◎文字特效制作最终效果

12.1 制作发光灯泡特效

首先添加文字并创建立体效果；然后绘制椭圆，通过添加径向渐变，创建发光灯泡特效；最后复制并调整灯泡填充立体文字内部，通过添加高光渲染发光环境，完成灯泡字的制作。

01 在 Illustrator CC 中新建文档，如图 12-1 所示。使用【矩形工具】 □ 创建矩形，参数如图 12-2 所示。

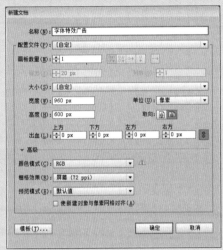

图 12-1 新建文档

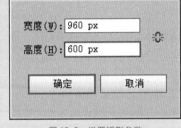

图 12-2 设置矩形参数

02 单击属性栏中的【水平居中对齐】按钮 ♣ 和【垂直居中对齐】按钮 ♣ ，使矩形与页面中心对齐，为矩形添加渐变填充效果，并取消描边效果，如图 12-3、图 12-4 所示。

图 12-3 与页面对齐

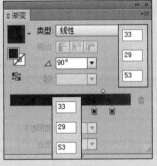

图 12-4 设置渐变

03 使用【文字工具】 T 创建文字，如图 12-5、图 12-6 所示。

04 执行【效果】|3D|【凸出和斜角】命令，如图 12-7 所示，在弹出的对话框中进行设置，单击【更多选项】按钮，设置灯光位置，然后单击【确定】按钮，创建立体文字，如图 12-8 所示。

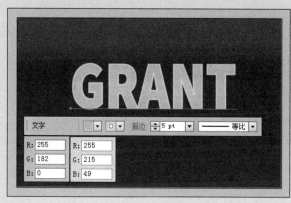

图 12-5　创建文字

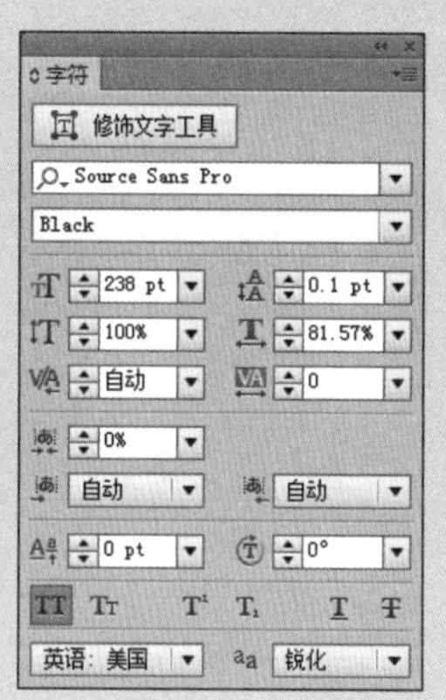

图 12-6　设置字体、字号

图 12-7　设置参数

图 12-8　设置灯光位置

05 执行【效果】|【风格化】|【内发光】命令，为文字添加内发光效果，如图 12-9、图 12-10 所示。

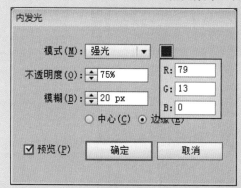

图 12-9　设置内发光参数

图 12-10　内发光效果

06 复制上一步创建的文字图层，如图 12-11 所示。取消填充色并调整轮廓色，如图 12-12 所示。

07 在【3D 凸出和斜角选项】对话框中调整立体效果，如图 12-13、图 12-14 所示。

图 12-11　复制图层

图 12-12　设置填充与描边

图 12-13　设置 3D 效果

图 12-14　设置灯光参数

08 在【外发光】对话框中调整外发光效果，如图 12-15、图 12-16 所示。

图 12-15　设置外发光参数

图 12-16　外发光效果

09 使用【椭圆工具】 ◎ 创建正圆图形，如图 12-17、图 12-18 所示。

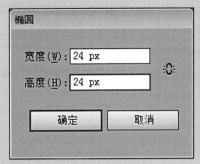

图 12-17　设置参数

图 12-18　绘制正圆

10 在【渐变】面板中设置渐变填充效果，如图 12-19、图 12-20 所示。

图 12-19　设置渐变参数　　　　　　　　　　图 12-20　渐变效果

11 为渐变填充正圆添加外发光效果，如图 12-21、图 12-22 所示。

图 12-21　设置外发光参数　　　　　　　　　　图 12-22　外发光效果

12 复制并移动正圆图形的位置，如图 12-23 所示。选中所有正圆，执行【对象】|【编组】命令，组合图形，如图 12-24 所示。

图 12-23　复制图形　　　　　　　　　　图 12-24　编组图形

13 复制上一步创建的图层组，调整图形填充色，如图 12-25 所示。添加高斯模糊效果，如图 12-26 所示。

图 12-25 复制图形　　　　　　　　　　图 12-26 设置模糊效果

14 使用前面介绍的方法，制作文字上的小灯泡，如图 12-27 所示。

15 使用【编组选择工具】配合 Shift 键选中小灯泡，如图 12-28 所示。

图 12-27 制作其他小灯泡　　　　　　　图 12-28 选中小灯泡

16 调整所选灯泡的渐变色，如图 12-29、图 12-30 所示。

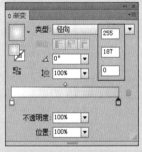 

图 12-29 设置渐变参数　　　　　　　　图 12-30 渐变效果

17 继续使用【编组选择工具】配合 Shift 键选中小灯泡，如图 12-31 所示。

图 12-31 继续选中小灯泡

18 调整所选灯泡的渐变色，如图 12-32、图 12-33 所示。

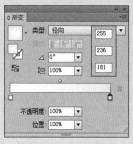

图 12-32 设置渐变参数

图 12-33 调整后的效果

19 选中灯泡图形编组，使用 Ctrl+Shift+] 组合键调整图层至最上方，如图 12-34、图 12-35 所示。

图 12-34 编组

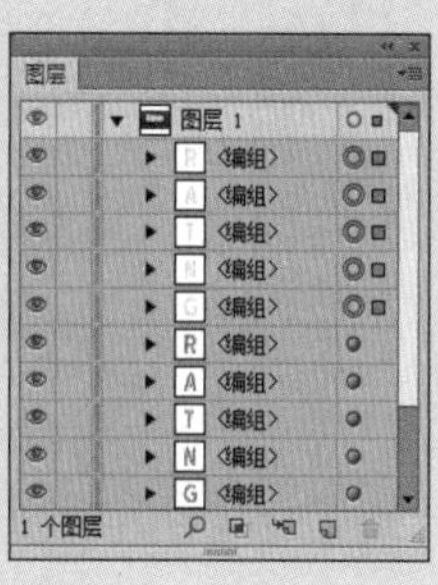

图 12-35 调整图层顺序

20 略微调整阴影的位置，使灯泡看上去更像镶嵌进文字里的，如图 12-36 所示。

21 使用【椭圆工具】◉ 配合 Shift 键绘制正圆，如图 12-37 所示。

图 12-36 调整投影

图 12-37 绘制正圆

22 添加渐变填充效果，如图 12-38 所示。

23 复制正圆并调整正圆图形，如图 12-39 所示。

图 12-38 设置渐变参数

图 12-39 复制图形并调整

24 选中正圆并调整图层混合模式，如图 12-40 所示。添加高斯
模糊效果，如图 12-41 所示。

图 12-40　设置图层混合模式

图 12-41　设置模糊半径

25 完成灯泡文字的制作，效果如图 12-42 所示。

图 12-42　灯泡文字制作效果

12.2　制作链接灯管字

　　首先通过为网格添加立体透视、高斯模糊、外发光等滤镜效果创建发
光板。然后添加文字并链接文字笔画，通过添加内发光和外发光滤镜，创
建发光灯管效果。最后复制文字创建发光板上的折射文字特效，完成灯管
字的制作。

01 使用【圆角矩形】 创建图形，如图 12-43、图 12-44 所示。

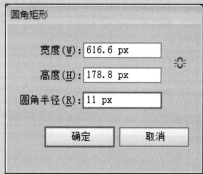

图 12-43　设置参数

图 12-44　绘制圆角矩形

02 添加内发光效果，如图 12-45、图 12-46 所示。

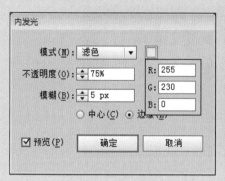

图 12-45 设置内发光参数

图 12-46 内发光效果

03 创建立体效果，如图 12-47、图 12-48 所示。

图 12-47 设置 3D 效果

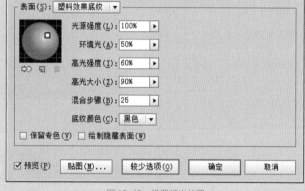

图 12-48 设置灯光位置

04 使用【矩形网格工具】▦创建网格，如图 12-49、图 12-50 所示。

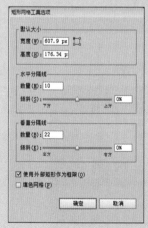

图 12-49 设置参数

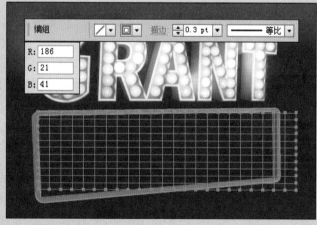

图 12-50 创建网格

05 为网格添加透视效果，如图 12-51、图 12-52 所示。

06 为网格添加外发光效果，如图 12-53、图 12-54 所示。

图 12-51　设置 3D 参数

图 12-52　网格透视效果

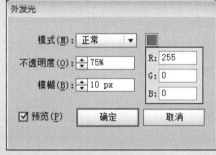

图 12-53　设置外发光参数

图 12-54　外发光效果

07 为网格添加高斯模糊效果，如图 12-55、图 12-56 所示。

图 12-55　设置模糊半径

图 12-56　创建模糊效果

08 复制网格，并删除高斯模糊效果，如图 12-57、图 12-58 所示。

图 12-57　删除高斯模糊

图 12-58　效果展示

09 调整圆角矩形图层至最上方，如图 12-59 所示。复制圆角矩形图层，如图 12-60 所示。

图 12-59 调整图层顺序

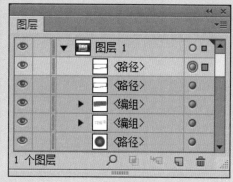

图 12-60 复制图层

10 在【3D 凸出和斜角选项】对话框中调整立体效果，如图 12-61 所示。调整图形的填充色并取消描边色，如图 12-62 所示。

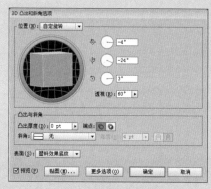

图 12-61 调整 3D 效果

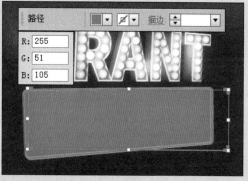

图 12-62 设置填充与描边

11 调整图层混合模式和透明度，如图 12-63、图 12-64 所示。

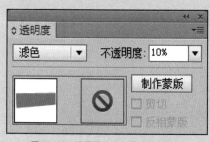

图 12-63 设置图层混合模式和透明度

图 12-64 调整效果

12 使用【文字工具】 T 添加文字，如图 12-65、图 12-66 所示。

13 为上一步创建的文字添加立体效果，如图 12-67、图 12-68 所示。

图 12-65　设置字体、字号

图 12-67　设置 3D 参数

图 12-68　设置灯光位置

14 为文字添加内发光效果，如图 12-69、图 12-70 所示。

图 12-69　设置内发光参数

图 12-70　内发光效果

15 继续为文字添加外发光效果，如图 12-71、图 12-72 所示。

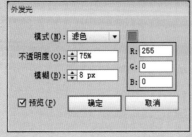

图 12-71　设置外发光参数

图 12-72　外发光效果

16 执行【编辑】|【复制】命令和【编辑】|【贴在后面】命令，复制文字，删除外观效果，如图 12-73 所示。取消文字填充色并设置描边效果，移动文字的位置，如图 12-74 所示。

图 12-73　复制并删除外观效果

图 12-74　设置后的效果展示

17 继续执行【编辑】|【复制】命令和【编辑】|【贴在后面】命令，复制上一步文字，调整描边色，如图 12-75 所示。

图 12-75　调整描边色

18 添加高斯模糊效果，如图 12-76、图 12-77 所示。

图 12-76　设置模糊半径

图 12-77　创建模糊效果

19 继续执行【编辑】|【复制】命令和【编辑】|【贴在后面】命令，复制上一步文字，调整填充色并取消描边色，如图 12-78 所示。

20 在【高斯模糊】对话框中调整高斯模糊效果，如图 12-79、图 12-80 所示。

图 12-78　复制文字并调整填充与描边

图 12-79　设置模糊半径

图 12-80　调整模糊效果

21 使用【钢笔工具】 ![]绘制路径，在属性栏中单击【描边】，调整圆头端点，如图 12-81 所示。为描边添加内发光效果，参数设置如图 12-82 所示。

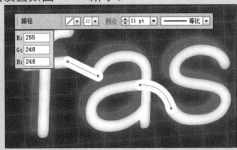

图 12-81　绘制路径

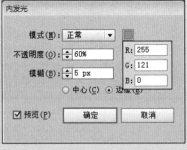

图 12-82　设置内发光参数

22 使用【钢笔工具】 ![]绘制图形并为其添加黑到白的渐变填充效果，如图 12-83、图 12-84 所示。

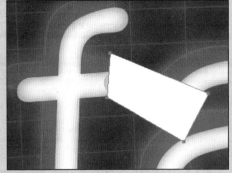

图 12-83　绘制图形

图 12-84　设置渐变填充

23 使用【渐变工具】▣️移动渐变中心点的位置，配合 Shift 键加选下方的路径，如图 12-85 所示。

24 单击【透明度】面板中的【制作蒙版】按钮，创建图形的渐隐效果，如图 12-86 所示。

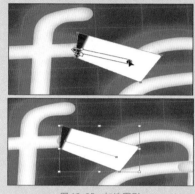

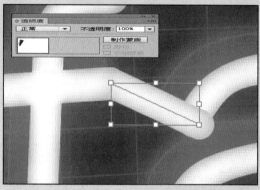

图 12-85　加选图形　　　　　　　　　　　　　　图 12-86　创建渐隐效果

25 继续使用【钢笔工具】✎绘制图形并添加渐变效果，如图 12-87、图 12-88 所示。

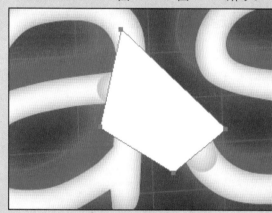

图 12-87　绘制图形　　　　　　　　　　　　　　图 12-88　设置渐变填充

26 使用【渐变工具】▣️移动渐变中心点的位置，并创建蒙版，如图 12-89、图 12-90 所示。

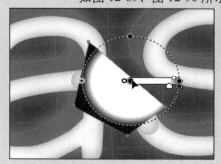

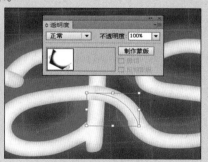

图 12-89　移动渐变中心点　　　　　　　　　　　图 12-90　创建蒙版

27 使用前面介绍的方法继续链接文字笔画，如图 12-91 所示。

图 12-91 链接文字笔画

28 绘制正圆并填充渐变，添加高斯模糊效果，如图 12-92 所示。

29 调整图层混合模式，创建高光效果，如图 12-93 所示。

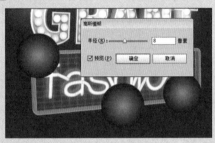

图 12-92 设置模糊效果

图 12-93 调整图层混合模式

12.3 制作广告架

　　使用【网格工具】▦和【钢笔工具】✐创建广告架，为网格添加
立体透视效果，并使其与文字透视效果一致。

01 使用【钢笔工具】✐绘制线段，设置描边颜色为红色，描
边大小为 3pt，【不透明度】为 50%，调整上一步绘制的图形至
蓝色渐变图形的上方，如图 12-94 所示。

02 选中图形，执行【编辑】|【复制】命令和【编辑】|【贴在后面】
命令，复制图形，如图 12-95 所示。

图 12-94 绘制线段

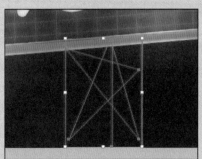

图 12-95 复制图形

03 为复制的线段添加高斯模糊效果，在【高斯模糊】对话框中，设置【半径】为 4 像素，效果如图 12-96 所示。

04 复制并向左移动广告架的位置，缩小图形，如图 12-97 所示。

图 12-96　创建模糊效果　　　　　　图 12-97　移动并缩小图形

05 使用【矩形网格工具】▦创建网格，调整网格参数，如图 12-98、图 12-99 所示。

图 12-98　设置参数　　　　　　图 12-99　创建网格

06 为网格添加透视效果，如图 12-100、图 12-101 所示。

图 12-100　设置 3D 参数　　　　　　图 12-101　添加透视效果

07 使用【钢笔工具】✎绘制图形，如图 12-102 所示。

08 使用 Ctrl+Shift+[组合键和 Ctrl+Shift+] 组合键调整图层顺序，如图 12-103 所示。

图 12-102　绘制图形

图 12-103　调整图层顺序

12.4　创建装饰图形

　　首先使用前面介绍的方法添加立体装饰文字和星形灯管效果。然后创建散点画笔、夜空中的星星。最后添加并调整云彩素材，完成背景的制作。

01 使用【文字工具】 T 创建文字并设置字体、字号，如图 12-104、图 12-105 所示。

图 12-104　添加文字

图 12-105　设置字体、字号

02 为上一步文字添加立体效果，如图 12-106、图 12-107 所示。

图 12-106　设置 3D 参数

图 12-107　设置灯光位置

03 执行【编辑】|【复制】命令和【编辑】|【贴在前面】命令，复制文字。执行【对象】|【扩展外观】命令，取消 3D 效果链接，这里为方便观察移动了图形的位置，如图 12-108 所示。

04 使用两次 Ctrl+Shift+G 组合键取消图形的编组，配合 Shift 键选中文字，如图 12-109 所示。

图 12-108　取消 3D 效果链接

图 12-109　选中文字

05 执行【对象】|【路径】|【偏移路径】命令，偏移路径，如
图 12-110 所示。调整描边效果并取消填充色，如图 12-111 所示。

图 12-110　偏移路径　　　　　　　　　　图 12-111　调整描边与填充

06 取消图形的编组并移动上一步所创建文字的位置，如图 12-112
所示。执行【效果】|【风格化】|【圆角】命令，创建圆角效果，
参数设置如图 12-113 所示。

图 12-112　调整位置

图 12-113　设置参数

07 将图形进行编组，如图 12-114 所示。添加投影效果，参数
设置如图 12-115 所示。

图 12-114　图形编组

图 12-115　设置投影参数

08 执行【编辑】|【复制】命令和【编辑】|【贴在前面】命令，

复制上一步图形，删除投影外观样式，分别添加内发光和外发光样式，如图 12-116、图 12-117 所示。

图 12-116　设置内发光参数

图 12-117　设置外发光参数

09 使用【星形工具】 ☆ 配合 Shift+Alt 组合键创建星形，如图 12-118 所示。为星形添加内发光效果，如图 12-119 所示。

图 12-118　创建星形

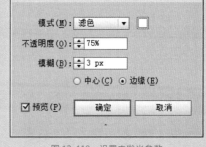

图 12-119　设置内发光参数

10 继续为星形添加高斯模糊效果，设置高斯模糊【半径】为 0.5 像素，如图 12-120 所示。

11 执行【编辑】|【复制】命令和【编辑】|【贴在后面】命令，复制星形，在【外观】面板中选中并删除内发光外观样式，调整高斯模糊效果，设置高斯模糊【半径】为 1 像素，如图 12-121 所示。

图 12-120　创建模糊效果

图 12-121　删除内发光外观样式

12 继续为复制的星形添加外发光效果，如图 12-122、图 12-123 所示。

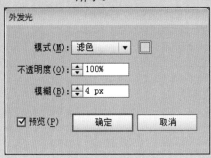

图 12-122　设置外发光参数

图 12-123　外发光效果

13 使用【钢笔工具】 在星形路径上添加锚点，并使用 Delete 键删除锚点，如图 12-124、图 12-125 所示。

图 12-124　添加锚点

图 12-125　删除路径

14 使用相同的方法，在复制的星形路径上添加并删除锚点，如图 12-126 所示。复制并移动星形，如图 12-127 所示。

图 12-126　删除路径

图 12-127　复制并移动星形

15 使用【椭圆工具】 创建正圆，如图 12-128 所示。单击【画笔】面板中的 按钮，在弹出的菜单中选择【新建画笔】命令，如图 12-129 所示。

16 在弹出的【新建画笔】对话框中设置画笔类型，单击【确定】按钮，如图 12-130 所示。在弹出的对话框中设置画笔名称，单击【确定】按钮，创建画笔，如图 12-131 所示。

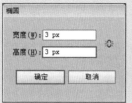

图 12-128 设置参数

图 12-129 选择【新建画笔】命令

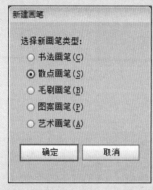

图 12-130 设置画笔类型

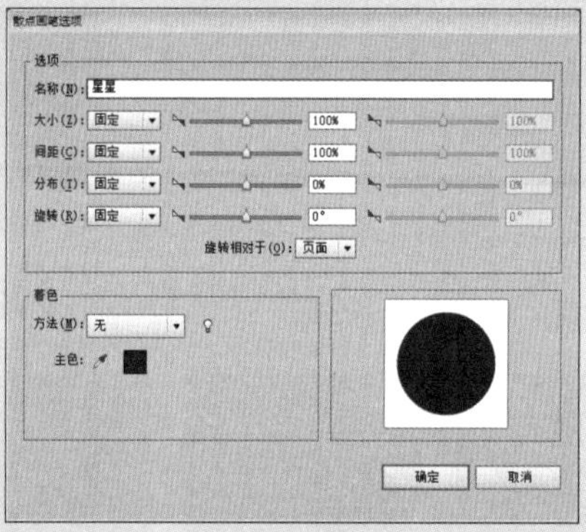

图 12-131 设置画笔名称

17 使用【画笔工具】☑在画板中进行绘制，如图 12-132 所示。

18 单击【画笔】面板右上角的菜单下拉按钮，选择【画笔选项】命令，如图 12-133 所示。

图 12-132 绘制图形

图 12-133 选择【画笔选项】命令

19 在打开的【散点画笔选项】对话框中设置参数，如图 12-134 所示。设置散点画笔效果，如图 12-135 所示。

图 12-134 设置参数

图 12-135 散点画笔效果

20 复制之前创建的正圆并配合 Shift 键等比例放大正圆，如图 12-136 所示。打开本章素材"云彩 .jpg"文件，单击属性栏中的【嵌入】按钮，取消文件的链接，如图 12-137 所示。

图 12-136　复制并放大正圆

图 12-137　添加素材

21 等比例缩小图像并调整图像的位置。调整图像透明度和混合模式，如图 12-138 所示。

22 使用【矩形工具】□绘制矩形，如图 12-139 所示。

图 12-138　设置透明度和混合模式

图 12-139　绘制矩形

23 为矩形添加渐变填充效果，如图 12-140 所示。

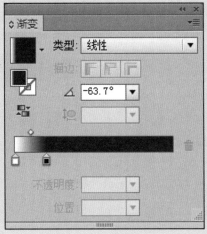

图 12-140　设置渐变参数

24 使用【渐变工具】▣旋转并移动渐变中心点的位置，如
图 12-141 所示。

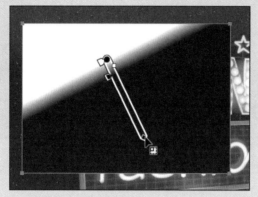

图 12-141　调整渐变中心点

25 加选下方的云彩图像，如图 12-142 所示。

26 单击【透明度】面板中的【制作蒙版】按钮，创建渐隐效果，
如图 12-143 所示。

图 12-142　加选图像

图 12-143　创建渐隐效果

27 复制并移动上一步创建的图形，如图 12-144 所示。单击【透
明度】面板中的【释放】按钮，释放蒙版，如图 12-145 所示。

图 12-144　复制图形

图 12-145　释放蒙版

28 使用【渐变工具】▣调整矩形渐变角度，如图 12-146 所示。然后加选云彩图像并创建蒙版，如图 12-147 所示。

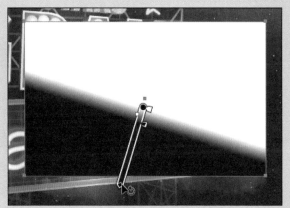

图 12-146　调整渐变角度

图 12-147　创建蒙版

29 调整云彩图层顺序，如图 12-148、图 12-149 所示。

30 使用【矩形工具】□创建与画板大小相同的矩形，并使其与画板中心对齐，如图 12-150 所示。使用 Ctrl+A 组合键选中所有图形，单击【透明度】面板中的【制作

蒙版】按钮，隐藏矩形以外的图形，完成本实例的制作，效果如图 12-151
所示。

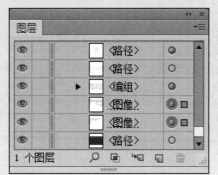

图 12-148　【图层】面板

图 12-149　调整图层顺序

图 12-150　绘制矩形

图 12-151　创建蒙版

参 考 文 献

[1] 姜洪侠、张楠楠 . Photoshop CC 图形图像处理标准教程 [M]. 北京：人民邮电出版社，
2016.

[2] 周建国 . Photoshop CS6 图形图像处理标准教程 [M]. 北京：人民邮电出版社，2016.

[3] 孔翠、杨东宇，朱兆曦 . 平面设计制作标准教程 Photoshop CC+Illustrator CC[M]. 北京：
人民邮电出版社，2016.

[4] 沿铭洋、聂清彬 . Illustrator CC 平面设计标准教程 [M]. 北京：人民邮电出版社，2016.

[5] [美] Adobe 公司 .Adobe InDesign CC 经典教程 [M]. 北京：人民邮电出版社，2014.